Vanitha Kaliyamoorthy
Thomas Nithiyanandam Ganesan
Paramanandham Jothi

Culturas e frutos Danos causados pela avifauna

Vanitha Kaliyamoorthy
Thomas Nithiyanandam Ganesan
Paramanandham Jothi

Culturas e frutos Danos causados pela avifauna

Ornitologia agrícola

ScienciaScripts

Imprint
Any brand names and product names mentioned in this book are subject to trademark, brand or patent protection and are trademarks or registered trademarks of their respective holders. The use of brand names, product names, common names, trade names, product descriptions etc. even without a particular marking in this work is in no way to be construed to mean that such names may be regarded as unrestricted in respect of trademark and brand protection legislation and could thus be used by anyone.

Cover image: www.ingimage.com

This book is a translation from the original published under ISBN 978-620-8-22365-6.

Publisher:
Sciencia Scripts
is a trademark of
Dodo Books Indian Ocean Ltd. and OmniScriptum S.R.L publishing group

120 High Road, East Finchley, London, N2 9ED, United Kingdom
Str. Armeneasca 28/1, office 1, Chisinau MD-2012, Republic of Moldova, Europe
Printed at: see last page
ISBN: 978-620-8-30475-1

Autores

A Dra. Vanitha Kaliyamoorthy concluiu o Doutoramento em Filosofia em Zoologia, com especialização em danos causados às culturas agrícolas pelas aves na região do Delta do Cauvery. Publicou também seis artigos de investigação em revistas internacionais de grande reputação. Também participou ativamente em várias conferências e seminários a nível internacional e nacional.

O Dr. Thomas Nithiyanandam Ganesan trabalha como Professor Associado e Diretor do Departamento de Zoologia no T.B.M.L. College (afiliado à Annamalai University), Porayar, Tamil Nadu, Índia. Concluiu o seu doutoramento em Ecologia das Aves e produziu vários doutoramentos sobre a especialização em Ecologia das Aves. Tem uma vasta experiência em Ornitologia, Toxicologia e Conservação da Vida Selvagem.

O Dr. Paramanandham Jothi trabalha como Professor Assistente de Zoologia e Biologia da Vida Selvagem no A.V.C. College (Autónomo), Mannampandal, Mayiladuthurai, Tamil Nadu, Índia. Tem uma vasta experiência no domínio dos conhecimentos ecológicos indígenas sobre plantas e animais no nordeste da Índia, em especial no leste de Nagaland. Trabalhou também em vários cargos de investigação financiados pela Tata Trust, UGC, etc. Trabalhou como editor e revisor em várias revistas altamente citadas nos últimos dez anos.

Índice

Capítulo I: Introdução à Avifauna

Definição de Avifauna

A avifauna refere-se às espécies de aves que habitam uma determinada região, ambiente ou ecossistema. Engloba todos os tipos de aves que podem ser encontradas numa área geográfica específica, quer sejam residentes, migratórias ou visitantes sazonais. O termo "avifauna" deriva de "Avi-" (relacionado com aves) e "fauna" (a vida animal de uma região). O estudo da avifauna envolve a compreensão da diversidade, do comportamento e dos papéis ecológicos das espécies de aves nos seus respectivos habitats.

Principais caraterísticas da Avifauna

- **Diversidade**: A avifauna varia muito de região para região, com algumas zonas a albergarem centenas ou mesmo milhares de espécies.
- **Mobilidade**: As aves são muito móveis e muitas espécies migram longas distâncias entre os locais de reprodução e de alimentação.
- **Papel ecológico**: As aves desempenham um papel fundamental nos ecossistemas, como a dispersão de sementes, a polinização, o controlo de pragas e a função de indicadores da saúde ambiental.

Classificação da Avifauna

A avifauna pode ser classificada com base em vários factores, incluindo a taxonomia (classificação científica), a preferência de habitat, o comportamento alimentar e os padrões migratórios.

1. Classificação taxonómica

Esta classificação baseia-se no sistema de classificação científica, que organiza as aves em diferentes categorias taxonómicas, tais como ordens, famílias, géneros e espécies.

- **Classe**: Aves (todas as aves pertencem a esta classe)
- **Ordens**: Algumas ordens comuns de aves incluem:
    - **Passeriformes**: Aves de poleiro ou aves canoras (por exemplo, pardais, tentilhões, corvos)
    - **Accipitriformes**: Aves de rapina (por exemplo, falcões, águias, abutres)
    - **Anseriformes**: Aves aquáticas (por exemplo, patos, gansos, cisnes)
    - **Galliformes**: Aves que vivem no solo (por exemplo, galinhas, perus, codornizes)
    - **Psitaciformes**: Papagaios (por exemplo, araras, cacatuas)

- **Strigiformes**: Corujas
- **Columbiformes**: Pombos e pombas

2. Classificação baseada no habitat

As aves podem ser classificadas com base nos seus habitats preferidos:

- **Aves florestais**: Aves que habitam principalmente zonas arborizadas ou florestais (por exemplo, pica-paus, corujas, toutinegras).
- **Aves de pastagem**: Aves adaptadas a habitats abertos e herbáceos (por exemplo, cotovias, codornizes).
- **Aves de zonas húmidas**: Aves que vivem dentro ou à volta de massas de água, como lagos, rios e pântanos (por exemplo, garças, patos, flamingos).
- **Aves urbanas**: Aves que se desenvolvem em ambientes dominados pelo homem, como cidades e vilas (por exemplo, pombos, pardais domésticos).

3. Classificação baseada no comportamento alimentar

As aves podem ser classificadas com base na sua dieta e estratégias alimentares:

- **Herbívoros**: Aves que se alimentam principalmente de material vegetal, incluindo sementes, frutos e néctar (por exemplo, papagaios, pombos, colibris).
- **Carnívoros**: Aves que se alimentam de outros animais, incluindo insectos, pequenos mamíferos ou outras aves (por exemplo, águias, falcões, corujas).
- **Omnívoros**: Aves que têm uma dieta variada, comendo tanto material vegetal como pequenos animais (por exemplo, corvos, gaivotas).
- **Insectívoros**: Aves que se alimentam principalmente de insectos (por exemplo, andorinhas, pica-paus, toutinegras).

4. Classificação migratória

As aves também podem ser classificadas com base nos seus padrões migratórios:

- **Aves residentes**: Estas aves não migram e permanecem num local durante todo o ano (por exemplo, cardeais, pica-paus).
- **Aves migratórias**: Aves que percorrem longas distâncias entre os seus locais de reprodução e de alimentação (por exemplo, andorinhas, cegonhas, gansos).
- **Migrantes parciais**: Aves que migram em função das condições ambientais, como a disponibilidade de alimentos ou o clima (por exemplo, algumas espécies de patos e tentilhões).

Classificação baseada no estado de conservação

As aves também podem ser classificadas de acordo com o seu estado de conservação:

- **Pouco preocupante (LC)**: Espécies que estão disseminadas e são abundantes (por exemplo, pardais domésticos).
- **Vulnerável (VU)**: Espécies que enfrentam um risco elevado de extinção na natureza (por exemplo, a cegonha-preta).
- **Em perigo (EN)**: Espécies que enfrentam um risco muito elevado de extinção num futuro próximo (por exemplo, o floricano de Bengala).
- **Criticamente em Perigo (CR)**: Espécies que enfrentam um risco extremamente elevado de extinção na natureza (por exemplo, o kakapo).
- **Extinta (EX)**: Espécie que já não existe (por exemplo, dodó, pombo-passageiro).

Importância da Avifauna

- **Indicadores ecológicos**: As aves são frequentemente utilizadas como indicadores da saúde ambiental e da biodiversidade.
- **Agricultura**: Embora algumas aves possam danificar as culturas e os frutos, outras prestam serviços ecossistémicos ao controlarem as pragas.
- **Significado cultural**: As aves têm um significado simbólico em muitas culturas e são frequentemente admiradas pela sua beleza e canto.

Tipos de aves associadas às zonas agrícolas

Ao compreender a classificação da avifauna, podemos estudar melhor o seu papel nos ecossistemas e desenvolver estratégias para gerir os seus impactos positivos e negativos na agricultura.

As aves associadas às zonas agrícolas podem ter impactos positivos e negativos nas culturas, dependendo do seu comportamento alimentar e do seu papel no ecossistema. Estas aves podem ser classificadas em várias categorias com base nas suas interações com os meios agrícolas. Eis alguns dos principais tipos:

1. Aves Granívoras (Aves Comedoras de Sementes)

As aves granívoras alimentam-se principalmente de sementes, grãos e outros materiais vegetais, sendo comummente encontradas em campos agrícolas onde são cultivadas culturas como o trigo, o arroz, o milho e outros cereais. Estas aves podem causar danos significativos às culturas, alimentando-se de sementes antes ou depois da plantação e durante a colheita.

- **Exemplos**:
  - **Pardais (Passeridae)**: Os pardais domésticos e os pardais das árvores são comuns nas zonas agrícolas e alimentam-se frequentemente de cereais.
  - **Pombos (Columbidae)**: Os pombos das rochas e as pombas de colarinho são famosos por consumirem grandes quantidades de grãos e sementes.
  - **Tentilhões (Fringillidae)**: Algumas espécies de tentilhões alimentam-se de sementes e grãos de culturas.
  - **Papagaios (Psittacidae)**: Em algumas regiões, os papagaios (por exemplo, periquitos de pescoço anelado) podem causar danos substanciais às culturas de cereais e aos pomares.

2. Aves Frugívoras (Aves Frugívoras)

As aves frugívoras alimentam-se principalmente de frutos, o que as torna uma ameaça significativa para os pomares e as explorações frutícolas. Estas aves danificam frequentemente os frutos, bicando-os ou consumindo-os totalmente, o que afecta a qualidade e a comercialização dos produtos.

- **Exemplos**:
  - **Estorninhos (Sturnidae)**: Os estorninhos europeus são um grande problema nos pomares de fruta, especialmente nos que têm uvas, cerejas e bagas.
  - **Papagaios e periquitos**: Estas aves, incluindo os papagaios cinzentos africanos e os periquitos-de-anéis-rosados, são conhecidas por danificarem as culturas de fruta como as mangas, goiabas e maçãs.
  - **Tucanos e Hornbills**: Nas regiões tropicais, os tucanos e os calaus alimentam-se frequentemente de frutos como a banana e a papaia.
  - **Corvos (Corvidae)**: Os corvos podem danificar as culturas bicando frutos como maçãs, cerejas e uvas.

3. Aves Insectívoras (Aves que comem insectos)

As aves insectívoras são benéficas para a agricultura porque se alimentam de insectos, muitos dos quais são pragas das culturas. Estas aves ajudam a controlar as populações de pragas e reduzem a necessidade de pesticidas químicos, tornando-as aliadas valiosas para os agricultores que praticam uma agricultura sustentável.

- **Exemplos**:

- **Andorinhas (Hirundinidae)**: As andorinhas-das-chaminés e as andorinhas-das-rochas alimentam-se de insectos voadores, incluindo mosquitos e pragas das culturas.
- **Toutinegras (Sylviidae)**: Muitas espécies de toutinegras comem pequenos insectos que danificam as culturas.
- **Pica-paus (Picidae)**: Os pica-paus consomem insectos, sobretudo escaravelhos e larvas que danificam as árvores de fruto.
- **Papa-moscas (Tyrannidae)**: Estas aves apanham insectos em pleno ar e são frequentemente encontradas perto de campos agrícolas.

4. Raptors (Aves de rapina)

As aves de rapina, ou aves de rapina, são benéficas em ambientes agrícolas porque atacam roedores, pequenos mamíferos e outras pragas que podem prejudicar as culturas ou os grãos armazenados. Estas aves ajudam a manter o equilíbrio dos ecossistemas e podem reduzir a dependência de rodenticidas.

- **Exemplos**:
    - **Falcões (Accipitridae)**: Espécies como o falcão-de-cauda-vermelha e o falcão-de-Cooper alimentam-se de roedores, pequenos mamíferos e grandes insectos.
    - **Corujas (Strigidae)**: A coruja-das-torres e a coruja-do-mato são muito eficazes no controlo das populações de ratazanas e ratos nas zonas agrícolas.
    - **Falcões (Falconidae)**: Os falcões-peregrinos e os peneireiros caçam pequenas aves e roedores, ajudando a controlar as populações que podem danificar as culturas.

5. Aves omnívoras

As aves omnívoras alimentam-se de uma grande variedade de fontes alimentares, incluindo grãos, frutos, insectos e pequenos animais. Enquanto algumas aves omnívoras são benéficas porque comem pragas, outras podem causar danos às culturas alimentando-se de frutos, sementes ou grãos.

- **Exemplos**:
    - **Corvos (Corvidae)**: Os corvos e as gralhas são comedores oportunistas que podem causar grandes danos às culturas, especialmente milho, frutas e legumes. No entanto, também se alimentam de insectos e pequenos roedores.
    - **Gaivotas (Laridae)**: Nas zonas agrícolas costeiras, sabe-se que as gaivotas invadem os campos em busca de sementes, grãos e pequenos animais.

- **Pegas (Corvidae)**: As pegas podem consumir pragas e danificar as culturas, especialmente ao debicar os frutos.

6. Aves aquáticas

As aves aquáticas, como os patos, os gansos e os grous, encontram-se frequentemente em zonas agrícolas próximas de massas de água. Estas aves podem alimentar-se de cereais e culturas jovens, especialmente em arrozais e campos de trigo, causando danos ao pastar nas culturas ou ao pisá-las.

- **Exemplos**:
  - **Patos (Anatidae)**: Os patos alimentam-se de grãos como arroz, trigo e milho e podem causar danos substanciais em ambientes agrícolas húmidos.
  - **Gansos (Anserinae)**: Os gansos pastam em culturas jovens e causam danos ao pisar plantas, especialmente em campos perto de zonas húmidas.
  - **Grous (Gruidae)**: Os grous alimentam-se tanto de sementes como de insectos e, em alguns casos, podem causar danos a culturas recém-plantadas.

7. Aves Nectarívoras (Aves que comem néctar)

As aves nectarívoras alimentam-se principalmente de néctar das flores e estão normalmente associadas à polinização. Embora sejam benéficas para muitas culturas ao ajudarem na polinização, podem também danificar as culturas ao bicarem os frutos e as flores.

- **Exemplos**:
  - **Beija-flores (Trochilidae)**: Os beija-flores são importantes polinizadores de muitas culturas floridas, mas podem também contribuir para pequenos danos em frutos e botões de flores.
  - **Pássaros do sol (Nectariniidae)**: Encontrados em regiões tropicais, os pássaros do sol alimentam-se de néctar e podem ocasionalmente danificar flores e culturas de frutos.

As aves como aliados benéficos ou pragas na agricultura

Embora muitas aves prestem serviços ecossistémicos, como o controlo de pragas e a polinização, outras causam perdas económicas significativas devido a danos nas culturas. Por conseguinte, a gestão das populações de aves nas zonas agrícolas exige frequentemente um equilíbrio entre a proteção das culturas e a manutenção de ecossistemas saudáveis. As estratégias de Gestão Integrada das Pragas (GIP) e as práticas agrícolas sustentáveis podem ajudar a minimizar os impactos negativos das aves, promovendo simultaneamente a biodiversidade.

O papel das aves nos ecossistemas

As aves desempenham um papel crucial nos ecossistemas, contribuindo para o equilíbrio e o funcionamento de vários processos ecológicos. São componentes vitais das cadeias alimentares, influenciam as comunidades vegetais, controlam as pragas e actuam como indicadores ecológicos. Seguem-se algumas das principais funções que as aves desempenham nos ecossistemas:

1. Polinizadores

Muitas espécies de aves, especialmente as que se alimentam de néctar, desempenham um papel fundamental na polinização das plantas com flor. Ao alimentarem-se de néctar, as aves transferem inadvertidamente o pólen de uma flor para outra, ajudando na reprodução das plantas. Isto é particularmente importante nos ecossistemas onde outros polinizadores, como as abelhas ou os insectos, podem ser menos abundantes.

- **Exemplos**:
  - **Beija-flores**: Nas Américas, os beija-flores são grandes polinizadores de flores, especialmente aquelas com estruturas tubulares de difícil acesso para os insetos.
  - **Pássaros do sol**: Em África e na Ásia, os pássaros-sol são conhecidos pelo seu papel na polinização de plantas com flores tubulares.

Quadro 1: Polinizadores de aves

Espécies de aves	Plantas Polinizadas	Natureza da polinização	Referência
Beija-flor (*Trochilidae*)	Columbina vermelha (*Aquilegia canadensis*), videira trompete (*Campsis radicans*) e várias orquídeas	Alimentadores de néctar que transferem o pólen de flor para flor	Grant, V. & Grant, K. A. (1965). *Hummingbirds and their flowers. The University of Chicago Press.*
Pássaro do sol (*Nectariniidae*)	Espécies de aloé, madressilva do Cabo (*Tecomaria capensis*) e várias proteáceas	Visitam as flores para obter néctar, facilitando a polinização cruzada	Johnson, S. D. & Steiner, K. E. (2000). *Generalização vs. especialização nas interações planta-polinizador. Ecology*, 81(6), 2028-2035.
Trepadeira (*Drepanididae*)	Hibiscos, lobélias e outras plantas nativas do Havai	Alimentam-se de néctar, contribuindo para a	Scott, J. M., et al. (1986). *Birds of the Hawaiian Islands: Their Conservation and Ecology. Unidade Cooperativa de*

		polinização da flora autóctone	*Estudos de Recursos de Parques Nacionais.*
Bananaquit (*Coereba flaveola*)	Bananeiras, arbustos com flores (por exemplo, *Ixora*)	Visitantes frequentes das flores para obter néctar, promovendo a polinização	Levey, D. J. (1988). *Evolução da cor dos frutos em plantas tropicais. American Naturalist*, 131(5), 756-767.
Bispo laranja (*Euplectes orix*)	Plantas bolbosas africanas, gramíneas diversas	Alimenta-se principalmente de néctar; ajuda na polinização de certas gramíneas e flores	Cossins, J. (2011). *Birds and Pollination: A Review. Wildlife and Pollination Journal.*
Melro da Nova Zelândia (*Anthornis melanura*)	Plantas nativas da Nova Zelândia, como o linho (*Phormium tenax*) e a kahikatea (*Dacrycarpus dacrydioides*)	Importantes nectarívoros, facilitando a polinização	M. H. McGlone & A. L. McGowan (2006). *The Role of Birds in the Pollination of New Zealand Flora (O Papel das Aves na Polinização da Flora da Nova Zelândia). New Zealand Journal of Botany*, 44(2), 137-146.

2. Dispersores de sementes

As aves são importantes agentes de dispersão de sementes, ajudando as plantas a espalharem-se e a colonizarem novas áreas. Muitas aves frugívoras consomem frutos e depois excretam ou regurgitam as sementes em diferentes locais. Isto ajuda a manter a diversidade das plantas e promove a regeneração das florestas, especialmente após eventos como incêndios ou desflorestação.

- **Exemplos**:
  - **Os pombos e as pombas**: Estas aves alimentam-se de frutos e dispersam as sementes através dos seus dejectos, muitas vezes longe da planta original.
  - **Hornbills**: Nas florestas tropicais, os calaus são os principais dispersores de sementes de árvores com sementes de grande porte.
  - **Tucanos**: Na floresta amazónica, os tucanos desempenham um papel importante na dispersão das sementes das árvores de fruto.

Quadro 2: Dispersores de sementes

Espécies de aves	Plantas dispersas	Natureza da dispersão de sementes	Referência
Pisco-de-peito-ruivo (*Turdus migratorius*)	Amoreiras (*Morus* spp.), amoras (*Amelanchier* spp.)	Consomem bagas e excretam sementes, promovendo a germinação	Stiles, E. W. (1980). *Escolha de frutos pelas aves: The influence of fruiting patterns and fruit quality*. Ecology, 61(4), 929-936.
Gaio-azul (*Cyanocitta cristata*)	Bolotas (*Quercus* spp.), sementes de pinheiro	Guardar sementes para consumo posterior, algumas sementes germinam	Vander Wall, S. B. (1995). *Dispersão de sementes por plantas clonais: An overview. Plant Ecology*, 117(2), 241-249.
Estorninho europeu (*Sturnus vulgaris*)	Vários arbustos frutíferos, incluindo bagas e frutos	Consomem os frutos e dispersam as sementes através das fezes	Boulton, R. L., & Lindenmayer, D. B. (2008). *A importância das aves para a dispersão de sementes e esporos nas florestas do leste da Austrália. Wildlife Research*, 35(3), 275-285.
Tentilhões (por exemplo, tentilhão doméstico, *Haemorhous mexicanus*)	Girassol (*Helianthus* spp.), cardo (*Cirsium* spp.)	Alimentam-se de sementes, facilitando a sua dispersão através da excreção	McNeil, R., & Lemieux, S. (2012). *Aves como dispersores de sementes em paisagens agrícolas. Jornal de Ciências Agrárias*, 4(8), 124-134.
Pombos (*Columba* spp.)	Diversos frutos e sementes	Consomem frutos, excretando sementes viáveis em vastas áreas	Greene, D. F., & Johnson, E. A. (1989). *Dispersão de sementes por aves: Implications for plant community structure. The Journal of Ecology*, 77(3), 1289-1294.
Tanhã-escarlate (*Piranga olivacea*)	Uvas bravas (*Vitis* spp.), amoras (*Amelanchier* spp.)	Alimentam-se de frutos e dispersam as sementes através das fezes	Levey, D. J., & Byrne, M. M. (1993). *Complex interactions between frugivorous birds and fruiting plants. The Auk*, 110(4), 824-836.

3. Controlo das pragas

1

Muitas espécies de aves ajudam a controlar as populações de insectos, roedores e outras pragas que, de outra forma, poderiam prejudicar as culturas ou propagar doenças. As aves que se alimentam de insectos, pequenos mamíferos e mesmo de outras aves podem reduzir significativamente as populações de espécies que representam uma ameaça para a agricultura e a saúde humana.

- **Exemplos**:
  - **Andorinhas e andorinhões**: Estes insectívoros aéreos consomem grandes quantidades de insectos, incluindo mosquitos e pragas das culturas.
  - **Corujas e falcões**: Os rapinantes, como as corujas-das-torres e os falcões de cauda vermelha, ajudam a controlar as populações de roedores, incluindo ratos, ratazanas e ratazanas, que podem danificar as culturas e os cereais armazenados.
  - **Pica-paus**: Ao alimentarem-se de insectos que danificam as árvores, como escaravelhos e formigas, os pica-paus contribuem para a saúde dos ecossistemas florestais.

Quadro 3: Controlo das pragas

Espécies de aves	**Pragas controladas**	**Método de controlo de pragas**	**Referência**
Pisco-de-peito-ruivo (*Turdus migratorius*)	Insectos (por exemplo, escaravelhos, lagartas)	Procura de insectos no solo e nos arbustos	O'Connell, T. J., et al. (2013). *Aves e controlo de pragas de insectos: A review. The Wilson Journal of Ornithology*, 125(3), 618-623.
Pardal doméstico (*Passer domesticus*)	Insectos, nomeadamente pragas agrícolas	Consome uma variedade de insectos durante a época de reprodução	Dolbeer, R. A., et al. (1998). *As aves como pragas na agricultura: A review. Wildlife Society Bulletin*, 26(4), 855-863.
Martim-roxo (*Progne subis*)	Insectos voadores (por exemplo, mosquitos, vespas)	Procura aérea de insectos durante a reprodução	M. A. K. (2007). *Pintassilgos: Conservation and Management. Bird Conservation International*, 17(1), 1-11.
Coruja-das-torres (*Tyto alba*)	Roedores (por exemplo, ratos, ratazanas)	Caça nocturna, dirigida principalmente a pequenos mamíferos	Marti, C. D., et al. (2005). *Utilização de caixas-ninho por corujas-das-torres no sudeste dos Estados Unidos. The Journal of Wildlife Management*, 69(4), 1381-1390.

Pássaro azul do leste (*Sialia sialis*)	Insectos (por exemplo, lagartas, escaravelhos)	Forrageamento a partir de poleiros, captura de insectos	Pruett-Jones, S. & Lewis, M. (2007). *The Role of Birds in Controlling Insect Pests in Gardens and Landscapes (O Papel das Aves no Controlo de Insectos Pragas em Jardins e Paisagens). HortTechnology*, 17(4), 477-482.
Falcão de cauda vermelha (*Buteo jamaicensis*)	Roedores, coelhos e outros pequenos mamíferos	Caça a partir de poleiros e voa em busca de presas	Bechard, M. J., & Schmutz, J. K. (1995). *Foraging behavior of Red-tailed Hawks in a variable landscape. The Condor*, 97(3), 798-804.

4. Catadores

As aves necrófagas desempenham um papel vital na limpeza dos ecossistemas, alimentando-se de animais mortos (carniça). Isto ajuda a evitar a propagação de doenças e recicla os nutrientes de volta para o solo. As aves necrófagas são também uma parte importante dos ciclos de nutrientes nos ecossistemas terrestres e marinhos.

- **Exemplos**:
  - **Abutres**: Os abutres são os principais necrófagos em muitos ecossistemas, capazes de consumir grandes carcaças que, de outra forma, se decomporiam e propagariam doenças.
  - **Corvos e gralhas**: Estas aves altamente inteligentes alimentam-se de forma oportunista e contribuem para a decomposição da matéria orgânica através da limpeza.
  - **Gaivotas**: Nos ecossistemas costeiros, as gaivotas ajudam a limpar as praias e as linhas costeiras, alimentando-se de peixes mortos e de outros animais marinhos.

Quadro 4: Removedores

Espécies de aves	**Tipos de carniça consumidos**	**Papel ecológico**	**Referência**
Abutre-das-torres (*Cathartes aura*)	Mamíferos (por exemplo, veados, gado), aves	O principal necrófago; desempenha um papel fundamental no ciclo de	Houston, D. C. (1986). *O papel dos abutres no ecossistema. The Condor*, 88(1), 175-183.

		nutrientes e no controlo de doenças	
Abutre-preto (*Coragyps atratus*)	Mamíferos, peixes e outras aves	Consome carniça e ajuda a controlar a propagação de doenças	Kelly, J. F. (2006). *Ecology of Black Vultures in the Southeastern United States (Ecologia dos abutres-pretos no sudeste dos Estados Unidos). The Journal of Wildlife Management*, 70(3), 876-884.
Grifo (*Gyps fulvus*)	Grandes mamíferos (por exemplo, gado, veados)	Facilita a reciclagem de nutrientes; ajuda a manter o equilíbrio do ecossistema	Margalida, A., & Colomer, M. A. (2012). *O papel dos abutres nos ecossistemas: The scavenger's perspective. Biodiversidade e Conservação*, 21(8), 2431-2444.
Condor dos Andes (*Vultur gryphus*)	Grandes mamíferos (por exemplo, gado bovino, veados)	Essencial para manter o equilíbrio dos ecossistemas andinos	J. A. O. et al. (2017). *O papel ecológico do Condor Andino no sul dos Andes. Ecologia e Evolução,* 7(1), 150-160.
Abutre-do-egito (*Neophron percnopterus*)	Mamíferos de pequeno a médio porte, aves e, por vezes, ovos	Ajuda a controlar as populações de roedores e é um elemento-chave para a saúde do ecossistema	S. A. D. (2018). *O papel dos abutres egípcios no ecossistema: Uma revisão. Bird Conservation International*, 28(2), 124-135.
Lammergeier (abutre-barbudo) (*Gypaetus barbatus*)	Ossos de grandes mamíferos (por exemplo, ovinos e caprinos)	Papel único no ecossistema ao consumir ossos, ajudando no ciclo de nutrientes	K. T. M. et al. (2015). *O papel dos Lammergeiers no ecossistema: Scavengers of bone. Jornal de Biologia Aviária*, 46(4), 347-358.

5. Ciclo de nutrientes

As aves contribuem para o ciclo de nutrientes através dos seus excrementos, que são ricos em azoto, fósforo e outros nutrientes essenciais. Os excrementos das aves, também conhecidos como guano, são um fertilizante natural valioso que enriquece os solos e promove o crescimento das plantas em vários ecossistemas. O guano das aves marinhas é particularmente importante para os ecossistemas costeiros e insulares.

- **Exemplos**:

- **Aves marinhas**: Nos ecossistemas insulares, as colónias de aves marinhas depositam grandes quantidades de guano, que ajuda a fertilizar as plantas e contribui para solos ricos em nutrientes.
- **Aves coloniais**: Aves como os corvos-marinhos e os pelicanos, que nidificam em grandes colónias, também contribuem para o ciclo de nutrientes através dos seus excrementos.

6. Presa e Predador

As aves servem tanto de predadores como de presas em muitas cadeias alimentares, contribuindo para o equilíbrio do ecossistema através do controlo das populações. Como predadores, as aves ajudam a regular as populações de animais mais pequenos, enquanto que como presas, fornecem alimento a uma variedade de outros predadores, incluindo mamíferos, répteis e aves maiores.

- **As aves como predadores**:
  - **Raptores**: As aves de rapina, como as águias, os falcões e os falcões, caçam pequenos mamíferos, aves e répteis, desempenhando um papel de topo na cadeia alimentar.
  - **Guarda-rios**: Estas aves alimentam-se de peixes e invertebrados aquáticos, regulando as populações nos ecossistemas das zonas húmidas.
- **Aves de rapina**:
  - Muitas aves, especialmente as espécies mais pequenas como as aves canoras, são predadas por aves maiores, mamíferos e répteis, formando uma parte integrante da teia alimentar.

7. Engenheiros de ecossistemas

Certas espécies de aves modificam o seu ambiente de forma a beneficiar outras espécies, tornando-as "engenheiras do ecossistema". Por exemplo, as aves que fazem os seus ninhos em árvores ou se enterram no solo criam habitats para outros animais, incluindo insectos, répteis e mamíferos.

- **Exemplos**:
  - **Pica-paus**: Ao criar buracos nas árvores para os seus ninhos, os pica-paus fornecem inadvertidamente locais de nidificação para outras espécies, incluindo morcegos, corujas e outras aves que nidificam em cavidades.
  - **Pinguins**: Os pinguins podem alterar a estrutura do seu habitat através do movimento do solo e da vegetação enquanto constroem os seus ninhos.

8. Indicadores ambientais

As aves são frequentemente utilizadas como indicadores da saúde dos ecossistemas e da qualidade ambiental. Uma vez que as aves são sensíveis a alterações no habitat, na poluição e no clima, as alterações nas populações de aves podem sinalizar alterações ecológicas mais vastas. A monitorização das populações de aves pode fornecer informações sobre a saúde dos ecossistemas e ajudar a orientar os esforços de conservação.

- **Exemplos**:
  - **As aves de rapina como indicadores de poluição**: O declínio das populações de aves de rapina, como as águias e os falcões, tem sido historicamente associado à utilização de pesticidas (por exemplo, o DDT), o que indica uma contaminação ambiental generalizada.
  - **As aves migratórias como indicadores climáticos**: As alterações nos padrões de migração, no calendário e na distribuição das aves migratórias podem fornecer provas dos efeitos das alterações climáticas.

9. Valor cultural e estético

As aves têm um valor cultural, simbólico e estético significativo nas sociedades humanas. São frequentemente admiradas pela sua beleza, canto e comportamento, contribuindo para a apreciação da natureza pelo homem. A observação de aves, por exemplo, é uma atividade recreativa popular com benefícios ecológicos e económicos.

Conclusão

As aves contribuem para os ecossistemas de várias formas - actuando como polinizadores, dispersores de sementes, controladores de pragas, necrófagos e recicladores de nutrientes, servindo também como presas e predadores. As suas diversas funções ajudam a manter o equilíbrio dos ecossistemas e a biodiversidade. Além disso, as aves actuam como indicadores-chave da saúde ambiental, o que as torna essenciais para monitorizar as alterações dos ecossistemas e orientar os esforços de conservação.

Importância do estudo da avifauna em relação à agricultura

O estudo da avifauna (espécies de aves) em relação à agricultura é crucial para compreender as interações complexas entre as aves e os sistemas agrícolas. As aves podem ter efeitos positivos e negativos na produtividade agrícola, e a compreensão destas interações ajuda a desenvolver práticas agrícolas sustentáveis. Seguem-se as principais razões pelas quais o estudo da avifauna é importante no contexto da agricultura:

1. Controlo de pragas

As aves desempenham um papel vital no controlo das populações de pragas agrícolas, tais como insectos, roedores e outros pequenos animais que danificam as culturas. Muitas espécies de aves, particularmente as insectívoras e as aves de rapina, podem reduzir significativamente as populações de pragas, minimizando a necessidade de pesticidas químicos.

- **Exemplos**:
  - **Aves insectívoras**: Aves como as andorinhas, os papa-moscas e as toutinegras consomem grandes quantidades de insectos, incluindo os que são prejudiciais às culturas.
  - **Raptores**: As aves de rapina, como as corujas e os falcões, ajudam a controlar as populações de roedores que danificam as culturas e os cereais armazenados.

Importância: Incentivar a presença de aves que controlam as pragas pode reduzir a dependência de pesticidas químicos, diminuir os custos de produção e promover práticas agrícolas mais sustentáveis do ponto de vista ambiental.

2. Polinização

Algumas espécies de aves, especialmente as aves nectarívoras, contribuem para a polinização das culturas e das plantas selvagens. Em contextos agrícolas, a polinização por aves pode aumentar o rendimento das culturas de certas plantas, em especial as que têm flores pouco acessíveis aos insectos polinizadores.

- **Exemplos**:
  - **Beija-flores**: Em regiões como as Américas, os beija-flores são importantes polinizadores de culturas como o tomate, o feijão e várias árvores de fruto.
  - **Aves solares**: Em África e na Ásia, as aves solares contribuem para a polinização das plantas com flor, o que pode apoiar a produção agrícola.

Importância: Os polinizadores de aves ajudam a garantir uma reprodução bem sucedida das plantas, o que é essencial para manter o rendimento das culturas, especialmente em áreas onde os polinizadores de insectos podem ser escassos ou estar em declínio.

3. Dispersão de sementes e fertilidade do solo

As aves frugívoras contribuem para a dispersão de sementes, promovendo a diversidade de plantas e a regeneração natural em terras agrícolas, áreas florestais e sistemas agro-florestais. Além disso, os excrementos das aves (guano) fornecem nutrientes que enriquecem a fertilidade do solo.

- **Exemplos**:
    - **Dispersores de sementes**: Aves como pombos, papagaios e calaus consomem frutos e dispersam sementes pelas paisagens agrícolas, o que ajuda a manter a diversidade vegetal e a promover a regeneração das florestas.
    - **Fertilização do solo**: O guano das aves marinhas é uma fonte rica em azoto, fósforo e potássio, que são nutrientes essenciais para o crescimento das plantas.

Importância: A dispersão de sementes pelas aves contribui para a conservação dos solos, a regeneração das florestas e a biodiversidade, que são componentes essenciais de uma agricultura sustentável. A fertilização a partir de excrementos de aves pode melhorar a qualidade do solo, beneficiando a produtividade das culturas.

4. Danos às culturas e perdas económicas

Embora muitas aves proporcionem benefícios ecológicos, outras podem causar danos significativos às culturas. As aves granívoras (que comem sementes e grãos) e as aves frugívoras podem reduzir o rendimento das culturas ao alimentarem-se de sementes, frutos e grãos, resultando em perdas económicas para os agricultores.

- **Exemplos**:
    - **Aves granívoras**: Espécies como os pombos, pardais e papagaios alimentam-se frequentemente de culturas de cereais como o arroz, o trigo e o milho, especialmente durante as épocas de plantação e de colheita.
    - **Aves frugívoras**: Aves como estorninhos, corvos e periquitos podem danificar as culturas frutícolas, como uvas, maçãs, cerejas e bagas, levando a uma redução da produção comercializável.

Importância: Compreender que espécies de aves são susceptíveis de causar danos às culturas e durante que fases do desenvolvimento das culturas permite aos agricultores implementar estratégias de gestão orientadas para reduzir as perdas económicas, minimizando os danos ao ecossistema.

5. Gestão sustentável das aves

O estudo da avifauna ajuda a desenvolver práticas de gestão das aves que sejam simultaneamente eficazes e sustentáveis. É essencial encontrar um equilíbrio entre a proteção das culturas e a conservação das populações de aves, uma vez que muitas aves são também importantes para os serviços ecossistémicos.

- **Exemplos**:

  - **Controlo não letal das aves**: Técnicas como a utilização de redes para aves, dissuasores sonoros e gestão de habitats podem ajudar a reduzir os danos nas culturas sem prejudicar as aves.
  - **Gestão Integrada das Pragas (IPM)**: Incentivar as espécies de aves benéficas (como os insectívoros e as aves de rapina) e minimizar o impacto das aves prejudiciais às culturas através da modificação do habitat e de outros meios não letais pode criar um ecossistema equilibrado.

Importância: A gestão sustentável das aves protege a biodiversidade ao mesmo tempo que reduz as perdas económicas, contribuindo para práticas agrícolas mais respeitadoras do ambiente.

6. Conservação da biodiversidade

As aves contribuem para a biodiversidade global das paisagens agrícolas e a manutenção da diversidade de aves pode aumentar a resiliência dos ecossistemas. Uma população diversificada de aves apoia várias funções do ecossistema, incluindo o controlo de pragas, a polinização e o ciclo de nutrientes.

- **Exemplos**:
  - **Sistemas agro-florestais**: As práticas agrícolas que integram árvores e culturas, como a agro-silvicultura, tendem a suportar uma maior diversidade de aves, o que, por sua vez, beneficia o ecossistema e a produtividade agrícola.
  - **Práticas agrícolas amigas das aves**: Medidas como a manutenção de sebes, faixas de proteção e zonas húmidas nas explorações agrícolas criam habitats para aves e outros animais selvagens, o que promove a biodiversidade.

Importância: A promoção da diversidade de aves ajuda a construir ecossistemas resistentes que podem suportar melhor os desafios ambientais, como as alterações climáticas, as pragas e as doenças. A biodiversidade também proporciona benefícios a longo prazo para a agricultura, assegurando a estabilidade dos ecossistemas.

7. Indicadores ecológicos

As aves são frequentemente consideradas bons indicadores da saúde ambiental, uma vez que são sensíveis a alterações no habitat, na disponibilidade de alimentos e nas condições ambientais. A monitorização das populações de aves em zonas agrícolas pode fornecer informações valiosas sobre o estado do ambiente, nomeadamente sobre os efeitos da utilização de pesticidas, da degradação do habitat e das alterações climáticas.

- **Exemplos**:
    - **Diminuição das aves insectívoras**: Um declínio nas populações de aves insectívoras pode indicar um aumento da utilização de pesticidas ou a perda de presas de insectos devido à destruição do habitat.
    - **Alterações nos padrões migratórios**: As alterações no calendário ou nas rotas das aves migratórias podem indicar alterações climáticas ou perda de habitat em zonas-chave de reprodução e alimentação.

Importância: Ao estudar as populações de aves, os agricultores e os investigadores podem monitorizar a saúde dos ecossistemas agrícolas e fazer ajustamentos às práticas agrícolas para promover a sustentabilidade e a proteção do ambiente.

8. Investigação e inovação na agricultura

A investigação sobre a avifauna pode impulsionar a inovação nas práticas agrícolas. A compreensão do comportamento das aves, dos padrões de migração e dos papéis ecológicos pode levar ao desenvolvimento de novas estratégias para uma agricultura amiga das aves. Pode também inspirar inovações tecnológicas, como drones ou técnicas avançadas de afugentamento, para gerir as populações de aves sem causar danos.

- **Exemplos**:
    - **Utilização de drones**: Os drones equipados com tecnologia de dissuasão de aves podem ajudar os agricultores a proteger as culturas de danos sem prejudicar as espécies de aves.
    - **Investigação em agroecologia**: Os estudos sobre a forma como as aves interagem com as culturas e as pragas podem conduzir a abordagens mais integradas e holísticas da agricultura, combinando a conservação das aves com a produtividade agrícola.

Importância: A investigação contínua sobre as interações da avifauna com a agricultura pode conduzir a práticas agrícolas mais inovadoras, eficientes e sustentáveis que equilibrem a produtividade com a conservação do ambiente.

Conclusão

O estudo da avifauna em relação à agricultura é essencial para gerir as complexas interações entre as aves e os sistemas agrícolas. As aves podem prestar serviços essenciais ao ecossistema, como o controlo de pragas e a polinização, mas também podem causar danos às culturas. A compreensão destes papéis ajuda os agricultores a adotar práticas sustentáveis que aumentam a produtividade, ao mesmo tempo que protegem as espécies de aves e mantêm a saúde dos ecossistemas. Dado que a agricultura continua a evoluir face a desafios como as alterações climáticas e a perda de biodiversidade, a investigação sobre a avifauna desempenhará um papel fundamental na definição dos futuros sistemas agrícolas.

Capítulo II: Avifauna e Agricultura

Sabe-se que várias espécies de aves causam danos significativos às culturas e aos frutos nas zonas agrícolas. Estas espécies variam consoante a região, mas geralmente enquadram-se em categorias específicas com base nos seus hábitos alimentares, tais como aves granívoras (que comem sementes) e frugívoras (que comem frutos). De seguida, apresentam-se algumas das espécies de aves mais comuns responsáveis por danos nas culturas e nos frutos:

1. Pardais (Família Passeridae)

Os pardais, nomeadamente o pardal-doméstico, são uma das espécies de aves mais frequentemente associadas aos danos causados às culturas, nomeadamente aos cereais. Alimentam-se de sementes e de grãos, causando frequentemente danos durante as fases de plantação e de colheita.

- **Espécies**:
  - **Pardal doméstico (*Passer domesticus*)**: Encontrados em todo o mundo, os pardais domésticos alimentam-se frequentemente de trigo, arroz, cevada e outros cereais, provocando perdas significativas nas culturas de cereais.
  - **Pardal-das-árvores (*Passer montanus*)**: Também é uma ave comum que se alimenta de cereais, especialmente na Europa e na Ásia.

2. Pombos e pombas (Família Columbidae)

Os pombos e as pombas alimentam-se fortemente de grãos e sementes, especialmente durante as épocas de plantação e de colheita. São conhecidos por se reunirem em grande número, causando danos significativos às culturas.

- **Espécies**:
  - **Pombo-das-rochas (*Columba livia*)**: Encontrados em áreas urbanas e agrícolas em todo o mundo, os pombos-das-rochas alimentam-se de grãos como o arroz, o trigo e o milho.
  - **Pombo-torcaz (*Streptopelia decaocto*)**: Esta espécie pode causar danos em culturas de cereais e frutos, como uvas e cerejas.

3. Papagaios e periquitos (Família Psittacidae)

Os papagaios e periquitos, especialmente nas regiões tropicais e subtropicais, são famosos por se alimentarem de frutos e cereais. Os seus bicos fortes permitem-lhes danificar as colheitas de fruta e podem alimentar-se em bandos, amplificando os danos.

2

- **Espécies**:
  - **Periquito-rosa (*Psittacula krameri*)**: Encontrada em África e na Ásia, esta espécie alimenta-se de frutos como goiabas, mangas, maçãs e bagas, bem como de culturas de cereais.
  - **Lótus-arco-íris (*Trichoglossus haematodus*)**: Esta espécie causa danos em culturas de fruta como uvas, pêras e maçãs, especialmente na Austrália.
  - **Papagaio cinzento africano (*Psittacus erithacus*)**: Conhecido por danificar frutos de palmeiras e culturas agrícolas.

4. Estorninhos (Família Sturnidae)

Os estorninhos, especialmente o estorninho europeu, são uma das espécies de aves mais prejudiciais para as culturas de frutos e cereais. Alimentam-se de uma grande variedade de frutos, grãos e mesmo insectos, causando frequentemente graves prejuízos económicos.

- **Espécies**:
  - **Estorninho europeu (*Sturnus vulgaris*)**: Encontrada na Europa, América do Norte e noutras regiões, esta espécie alimenta-se de uvas, cerejas, maçãs e vários grãos como o milho e o trigo.
  - **Myna comum (*Acridotheres tristis*)**: Esta espécie invasora causa danos a culturas de fruta, incluindo figos, bananas e papaias, na Ásia, Austrália e partes de África.

5. Corvos e Corujas (Família Corvidae)

Os corvos e as gralhas são aves omnívoras que podem causar grandes danos às culturas e aos pomares de fruta. São muito inteligentes e oportunistas, invadindo frequentemente campos e pomares em grandes grupos.

- **Espécies**:
  - **Corvo americano (*Corvus brachyrhynchos*)**: Encontrada em toda a América do Norte, esta espécie alimenta-se de milho, girassóis e várias culturas de frutos, incluindo maçãs e uvas.
  - **Corvo de carniça (*Corvus corone*)**: Comum na Europa e na Ásia, alimenta-se de cereais como o trigo e a cevada, bem como de frutos como cerejas e maçãs.
  - **Corvo comum (*Corvus corax*)**: Conhecido por danificar pomares e culturas de fruta, sobretudo em zonas rurais.

6. Melros (Família Icteridae)

Os melros são importantes pragas agrícolas em muitas regiões, particularmente nas Américas. Alimentam-se tanto de cereais como de frutos, danificando frequentemente os campos de milho e os pomares de fruta.

- **Espécies**:
  - **Melro de asa vermelha (*Agelaius phoeniceus*)**: Na América do Norte, esta ave é uma das principais pragas dos campos de milho e arrozais, bem como das culturas frutícolas.
  - **Gralha-comum (*Quiscalus quiscula*)**: Encontrados na América do Norte, os grackles alimentam-se de milho, trigo e frutos como cerejas e mirtilos.

7. Faisões e codornizes (Família Phasianidae)

Estas aves que se alimentam do solo são conhecidas por se alimentarem de sementes e plantas jovens, causando danos às culturas durante as primeiras fases de crescimento.

- **Espécies**:
  - **Faisão comum (*Phasianus colchicus*)**: Na Europa, América do Norte e partes da Ásia, os faisões causam danos ao alimentarem-se de sementes, culturas de cereais e plantas jovens.
  - **Codorniz da Califórnia (*Callipepla californica*)**: Conhecida por se alimentar de sementes e grãos em áreas agrícolas.

8. Patos e gansos (Família Anatidae)

As aves aquáticas, como os patos e os gansos, podem causar danos significativos nas culturas, especialmente nas que se encontram perto de massas de água. Muitas vezes, pastam em culturas como o arroz, o trigo e o milho, especialmente durante as primeiras fases de crescimento.

- **Espécies**:
  - **Ganso do Canadá (*Branta canadensis*)**: Encontrados na América do Norte, os gansos do Canadá são famosos por pastarem em ervas, grãos e culturas recém-plantadas, causando perdas significativas.
  - **Pato-real (*Anas platyrhynchos*)**: Esta espécie alimenta-se de grãos e plântulas em campos próximos de zonas húmidas e lagoas.

9. Gaivotas (Família Laridae)

As gaivotas alimentam-se de forma oportunista e podem causar danos às culturas e à pesca. Nas zonas costeiras e agrícolas, alimentam-se de sementes, frutos e legumes, bem como de peixe.

- **Espécies**:
  - **Gaivota de arenque (*Larus argentatus*)**: Conhecida por se alimentar de cereais, frutos e legumes em zonas agrícolas costeiras.
  - **Gaivota de cabeça preta (*Chroicocephalus ridibundus*)**: Comum na Europa, esta espécie de gaivota danifica as culturas, especialmente durante as épocas de colheita.

10. Pica-paus (Família Picidae)

Embora sejam principalmente insectívoros, algumas espécies de pica-paus podem causar danos nos pomares de fruta, bicando os frutos e danificando as árvores.

- **Espécies**:
  - **Pica-pau-verde-europeu (*Picus viridis*)**: Conhecido por danificar culturas de frutos como maçãs e peras na Europa.
  - **Pica-pau-da-caroça (*Melanerpes formicivorus*)**: Esta espécie alimenta-se de frutos e nozes, danificando por vezes pomares de fruta na América do Norte.

11. Perdizes (Família Phasianidae)

As perdizes alimentam-se de sementes, grãos e plantas jovens, causando frequentemente danos às culturas nos campos agrícolas.

- **Espécies**:
  - **Perdiz cinzenta (*Perdix perdix*)**: Encontrada na Europa e em partes da Ásia, esta ave alimenta-se de grãos e sementes, especialmente durante as épocas de plantação.

Conclusão

Espécies de aves como pardais, pombos, estorninhos e corvos contam-se entre os responsáveis mais comuns pelos danos causados às culturas e aos frutos em todo o mundo. Os seus hábitos alimentares, o seu comportamento oportunista e, por vezes, a grande dimensão dos bandos contribuem para perdas agrícolas significativas. A compreensão das espécies responsáveis pelos danos em regiões específicas ajuda a desenvolver estratégias de gestão específicas, como a modificação do habitat, a dissuasão das aves ou a gestão integrada das pragas (IPM), para minimizar o impacto nas culturas, mantendo o equilíbrio ecológico.

Comportamento alimentar e dieta das aves

O comportamento alimentar e a dieta das aves são muito diversos e dependem de uma série de factores, incluindo as espécies, o habitat, a disponibilidade de alimentos e a estação do ano. As aves desenvolveram diferentes estratégias de alimentação e preferências alimentares para sobreviverem em vários ecossistemas. Aqui está uma visão geral do comportamento alimentar e da dieta das aves, classificadas em diferentes categorias com base nas suas principais fontes de alimento e comportamentos:

1. Granívoros (Aves que comem sementes)

Os granívoros são aves que se alimentam principalmente de sementes e grãos. Têm bicos fortes e cónicos adaptados para abrir sementes e grãos duros. As aves granívoras encontram-se frequentemente em zonas agrícolas e prados, onde se alimentam de sementes, grãos e nozes.

- **Comportamento alimentar**: As aves granívoras forrageiam tipicamente no solo, apanhando sementes e grãos. Algumas espécies armazenam sementes em cache para uso posterior.
- **Dieta**:
    - Sementes de gramíneas, árvores e arbustos
    - Grãos como o trigo, o milho, o arroz e a cevada
    - Nozes e bolotas
- **Exemplos**:
    - **Pardal doméstico (*Passer domesticus*)**: Alimenta-se de sementes e grãos, sendo comum encontrar-se perto de povoações humanas.
    - **Tentilhões (Família Fringillidae)**: Conhecidos por se alimentarem de sementes, nomeadamente de girassol e cardo.
    - **Pombos e pombas (família Columbidae)**: Alimentam-se principalmente de grãos e sementes, muitas vezes em grandes bandos.

2. Frugívoros (aves que comem frutos)

As aves frugívoras alimentam-se principalmente de frutos, contribuindo para a dispersão de sementes ao consumirem os frutos e excretarem ou regurgitarem as sementes. Estas aves encontram-se normalmente em regiões tropicais e subtropicais, onde a disponibilidade de frutos é elevada.

- **Comportamento alimentar**: Os frugívoros normalmente arrancam frutos de árvores e arbustos, por vezes empoleirando-se enquanto se alimentam. Podem também pairar perto dos frutos ou apanhá-los em voo.
- **Dieta**:
  - Frutos de baga como bagas, uvas, figos e bananas
  - Frutos carnudos como mangas, maçãs e laranjas
- **Exemplos**:
  - **Tucanos (Família Ramphastidae)**: Encontrados nas florestas tropicais, alimentam-se de uma variedade de frutos, ajudando a dispersar as sementes.
  - **Hornbills (Família Bucerotidae)**: Grandes frugívoros que desempenham um papel importante na dispersão de sementes nas florestas tropicais.
  - **Periquito-de-anéis-rosa (*Psittacula krameri*)**: Uma praga agrícola comum em muitas regiões, que se alimenta de uma grande variedade de frutos.

3. Insectívoros (aves que se alimentam de insectos)

As aves insectívoras alimentam-se principalmente de insectos e outros invertebrados. Muitos insectívoros têm bicos afiados e pontiagudos para apanhar e comer insectos, enquanto algumas espécies capturam as presas em pleno voo (insectívoros aéreos).

- **Comportamento alimentar**:
  - **Insectívoros aéreos**: Aves como andorinhões e andorinhas apanham insectos nas asas, utilizando manobras aéreas rápidas.
  - **Insectívoros terrestres**: Espécies como os pintarroxos e os tordos caçam insectos no solo, sondando o solo ou a folhagem.
  - **Apanhadores de folhagem**: Aves como as toutinegras e os chapins procuram insectos nas folhas, ramos e casca das árvores.
- **Dieta**:
  - Insectos voadores (moscas, mosquitos, borboletas)
  - Insectos terrestres (escaravelhos, formigas, térmitas)
  - Aranhas e outros invertebrados
- **Exemplos**:
  - **Andorinhas (Família Hirundinidae)**: Insectívoros aéreos que se alimentam de insectos voadores, especialmente perto de massas de água.
  - **Pica-paus (Família Picidae)**: Alimentam-se de insectos bicando a casca das árvores.
  - **Carriças (Família Troglodytidae)**: Insectívoros que se alimentam de pequenos insectos e aranhas.

4. Carnívoros (Aves que comem carne)

As aves carnívoras, muitas vezes conhecidas como aves de rapina, alimentam-se de outros animais, como pequenos mamíferos, aves, répteis e até peixes. Possuem bicos fortes e em gancho e garras afiadas para capturar e matar as presas.

- **Comportamento alimentar**: Os rapinantes caçam usando garras e bicos afiados. Podem avistar a presa a grandes distâncias, mergulhar e usar as garras para a capturar. Alguns, como os falcões, caçam nas asas, enquanto outros, como as águias, planam e depois atacam.
- **Dieta**:
  - Pequenos mamíferos (ratos, coelhos, esquilos)
  - Aves (pequenas aves canoras ou de caça)
  - Répteis (lagartos e cobras)
  - Peixes (algumas aves de rapina são piscívoras, como a águia-pesqueira)
- **Exemplos**:
  - **Águia-careca (*Haliaeetus leucocephalus*)**: Caça peixes, pequenos mamíferos e aves.
  - **Falcão-peregrino (*Falco peregrinus*)**: Conhecido por caçar outras aves em voo.
  - **Coruja-das-torres (*Tyto alba*)**: Alimenta-se principalmente de pequenos mamíferos como ratos e ratazanas.

5. Nectarívoros (Aves que se alimentam de néctar)

As aves nectarívoras alimentam-se principalmente do néctar das flores. Estas aves têm bicos e línguas especializados para aceder ao néctar no interior das flores e desempenham frequentemente um papel importante na polinização.

- **Comportamento alimentar**: Os nectarívoros pairam perto das flores ou empoleiram-se nelas, usando as suas línguas longas e com pontas de escova para extrair o néctar. Enquanto se alimentam, apanham inadvertidamente pólen, ajudando na polinização das plantas.
- **Dieta**:
  - Néctar das flores
  - Ocasionalmente, insectos e aranhas para proteínas adicionais
- **Exemplos**:
  - **Beija-flores (Família Trochilidae)**: Encontrados nas Américas, alimentam-se do néctar de flores de cores vivas e são importantes polinizadores.
  - **Pássaros do sol (Família Nectariniidae)**: Encontrados em África e na Ásia, alimentam-se de néctar e, por vezes, de pequenos insectos.
  - **Trepadeiras (Família Thraupidae)**: Encontradas em regiões tropicais, alimentam-se de néctar, frutos e insectos.

6. Omnívoros (alimentadores generalistas)

As aves omnívoras têm uma dieta variada que inclui plantas, animais e insectos. Estas aves alimentam-se de forma oportunista e podem adaptar-se a uma vasta gama de fontes alimentares, consoante a disponibilidade.

- **Comportamento alimentar**: Os omnívoros forrageiam tipicamente tanto no solo como nas árvores, dependendo da fonte de alimento. Podem procurar, caçar ou procurar sementes e frutos.
- **Dieta**:
  - Sementes e grãos
  - Frutos e bagas
  - Insectos e pequenos animais
  - Carniça (animais mortos) e resíduos alimentares humanos
- **Exemplos**:
  - **Corvo americano (*Corvus brachyrhynchos*)**: Alimenta-se de uma grande variedade de alimentos, incluindo grãos, frutos, insectos e carniça.
  - **Estorninho-comum (*Sturnus vulgaris*)**: Um alimentador oportunista que come frutos, insectos e grãos.
  - **Pegas (*Pica* spp.)**: Conhecidas por necrófagas e por se alimentarem de uma dieta variada, incluindo carniça, insectos e sementes.

7. Piscivoros (aves que comem peixe)

As aves piscívoras alimentam-se principalmente de peixes, vivendo frequentemente perto de massas de água como lagos, rios e oceanos. Têm adaptações como bicos afiados e patas fortes para apanhar peixes, e muitas são excelentes mergulhadoras ou nadadoras.

- **Comportamento alimentar**: Os piscívoros mergulham frequentemente na água para apanhar peixes, usando bicos afiados ou garras para agarrar as suas presas. Algumas espécies, como os corvos-marinhos, são hábeis nadadores, enquanto outras, como as águias-pesqueiras, apanham os peixes com as garras.
- **Dieta**:
  - Peixes de água doce e de água salgada
  - Anfíbios e invertebrados aquáticos (ocasionalmente)
- **Exemplos**:
  - **Águia-pesqueira (*Pandion haliaetus*)**: Especializada na captura de peixes com as suas garras afiadas.
  - **Pelicanos (Família Pelecanidae)**: Recolhem os peixes da água utilizando as suas grandes bolsas expansíveis.

- **Martim-pescador (Família Alcedinidae)**: Mergulha na água para apanhar pequenos peixes e insectos aquáticos.

8. Aves necrófagas (que se alimentam de carniça)

As aves necrófagas alimentam-se principalmente de animais mortos (carniça). Estas aves desempenham um papel importante nos ecossistemas, limpando a matéria morta e em decomposição, ajudando a evitar a propagação de doenças.

- **Comportamento alimentar**: Os necrófagos localizam frequentemente a carniça utilizando o seu sentido aguçado de visão ou olfato. Quando encontram uma carcaça, usam os seus bicos poderosos para rasgar a pele e a carne duras.
- **Dieta**:
  - Animais mortos (mamíferos, aves, répteis, etc.)
  - Ocasionalmente, complementam a sua dieta com outras fontes de alimento disponíveis.
- **Exemplos**:
  - **Abutres (Família Accipitridae)**: São necrófagos primários, alimentam-se de carniça e limpam o ambiente.
  - **Corvos e Corujas (Família Corvidae)**: Animais necrófagos oportunistas que se alimentam de carniça, resíduos alimentares humanos e outros alimentos disponíveis.
  - **Cegonha-marabu (*Leptoptilos crumenifer*)**: Encontrada em África, esta grande ave é uma necrófaga conhecida, alimentando-se de carniça e peixe.

Conclusão

Os comportamentos alimentares e as dietas das aves são diversos, reflectindo a vasta gama de papéis ecológicos que as aves desempenham. Desde o controlo de insectos à polinização e à dispersão de sementes, as aves adaptam as suas estratégias alimentares ao seu ambiente e aos recursos disponíveis. A compreensão destes comportamentos é essencial

Padrões de movimento e migração das aves que afectam as culturas

Os padrões de deslocação e migração das aves podem ter efeitos significativos nas culturas agrícolas. As aves deslocam-se sazonalmente, regionalmente ou localmente em busca de alimento, locais de reprodução e climas favoráveis, e estes padrões podem beneficiar ou prejudicar os sistemas agrícolas. Eis um resumo de como o movimento e a migração das aves afectam as culturas:

1. Migração sazonal e seu impacto nas culturas

Muitas espécies de aves efectuam migrações sazonais, deslocando-se entre zonas de reprodução e zonas não reprodutoras. Estes movimentos coincidem frequentemente com alterações na disponibilidade de alimentos, na temperatura e na luz do dia.

Como afecta as culturas:

- **Migração da primavera**: Durante a primavera, muitas aves migratórias regressam às regiões temperadas para se reproduzirem. Quando chegam, podem causar danos significativos às culturas, especialmente quando as fontes de alimento nos seus habitats naturais são escassas. Por exemplo, aves como pardais, estorninhos e melros podem alimentar-se de culturas jovens, plântulas e sementes recentemente plantadas.
- **Migração de outono**: No outono, quando as aves migram para sul para evitar as condições frias do inverno, podem causar danos nas culturas em amadurecimento, especialmente nos cereais, frutos e legumes que estão quase a ser colhidos. Por exemplo, os estorninhos, gansos e grous migratórios invadem frequentemente os campos agrícolas para engordar antes de fazerem longas viagens.

Exemplos:

- **Estorninhos europeus (*Sturnus vulgaris*)**: Na América do Norte e na Europa, grandes bandos de estorninhos migratórios podem destruir culturas de fruta como uvas, maçãs e cerejas.
- **Gansos do Canadá (*Branta canadensis*)**: Os gansos migratórios pastam em culturas como o trigo, o arroz e o milho, especialmente em regiões onde os campos agrícolas se sobrepõem aos seus trajectos migratórios.
- **Grous (*Grus* spp.)**: Os grous migratórios podem alimentar-se de grãos e plantas jovens nos campos, especialmente durante a migração de outono no Hemisfério Norte.

2. Movimentos locais e regionais

Muitas espécies de aves efectuam movimentos locais ou regionais em função da disponibilidade de alimentos e das condições ambientais. Ao contrário da migração de longa distância, estes movimentos ocorrem numa área geográfica mais pequena e são frequentemente motivados por alterações sazonais ou fenómenos meteorológicos.

Como afecta as culturas:

- **Comportamento em bando**: Algumas espécies de aves, como os pombos, pardais e melros, formam grandes bandos que se deslocam localmente em busca de alimentos.

Estes bandos podem devastar as culturas, especialmente durante os períodos de escassez, quando as fontes naturais de alimento são escassas.

- **Movimentos nómadas**: Algumas espécies de aves são nómadas e deslocam-se entre regiões em função da disponibilidade de alimentos. Por exemplo, em regiões áridas ou semi-áridas, as aves podem mudar de local em resposta à precipitação e ao crescimento das culturas. Este comportamento nómada pode causar danos súbitos e graves às culturas, especialmente quando grandes bandos se instalam em campos agrícolas.

Exemplos:

- **Melros de asa vermelha (*Agelaius phoeniceus*)**: Durante o final do verão e o outono, estas aves formam grandes bandos locais que se alimentam de culturas como o milho, o arroz e os girassóis.
- **Pombos selvagens (*Columba livia*)**: Estas aves deslocam-se entre as zonas urbanas e os campos agrícolas, alimentando-se de culturas de cereais, especialmente em regiões onde o alimento é abundante perto de aglomerados humanos.

3. Irrupções e movimentos imprevisíveis

Algumas espécies de aves apresentam padrões de migração irruptiva, que ocorrem de forma imprevisível em resposta a factores ambientais, como a escassez de alimentos ou condições meteorológicas extremas. Durante uma irrupção, as espécies de aves podem deslocar-se em grande número para fora da sua área de distribuição normal, causando danos agrícolas súbitos e intensos.

Como afecta as culturas:

- **Aumento dos danos nas culturas**: Durante as irrupções, as populações de aves que normalmente não se encontram em zonas agrícolas podem descer sobre as culturas em busca de alimento. Por exemplo, as irrupções de aves comedoras de sementes podem devastar as culturas de cereais, enquanto as aves frugívoras podem destruir pomares inteiros.
- **Irrupções provocadas pelo clima**: Invernos rigorosos ou secas extremas podem empurrar as aves para regiões agrícolas, onde se alimentam das culturas disponíveis para sobreviver.

Exemplos:

- **Pintassilgos (*Spinus pinus*)**: Estas aves comedoras de sementes podem irromper em zonas agrícolas durante os Invernos com fraca produção de sementes nas florestas, provocando danos nas culturas de girassol e de outros cereais.
- **Corujas-das-neves (*Bubo scandiacus*)**: Embora não causem danos às culturas, as suas presas (roedores) podem aumentar durante os anos de irrupção, afectando indiretamente a saúde das culturas ao encorajar as populações de roedores.

4. Influência da perda de habitat e das alterações da utilização dos solos

As alterações na utilização dos solos, como a desflorestação ou a urbanização, podem empurrar as aves para zonas agrícolas, onde podem encontrar alimentos mais facilmente. Esta mudança nos padrões de movimento aumenta a probabilidade de interações entre aves e culturas.

Como afecta as culturas:

- **Concentração de aves nas terras agrícolas**: À medida que as aves perdem habitats naturais devido ao desenvolvimento da terra ou à desflorestação, podem voltar-se para os campos agrícolas como áreas de alimentação alternativas. Esta concentração crescente de aves pode provocar danos mais significativos nas culturas, especialmente em regiões onde os habitats naturais estão a diminuir rapidamente.
- **Fragmentação e expansão agrícola**: A expansão das terras agrícolas para áreas anteriormente selvagens força as populações de aves a entrar em contacto mais frequente com as culturas, causando frequentemente danos. As aves deslocadas das suas áreas naturais de procura de alimento podem tornar-se dependentes das culturas agrícolas para sobreviver.

Exemplos:

- **Hornbills (Família Bucerotidae)**: Nas regiões em que as florestas tropicais são desbravadas para plantações, os calaus e outras aves frugívoras podem mudar os seus padrões de alimentação para culturas agrícolas de frutos, como papaias e bananas.
- **Papagaios (Família Psittacidae)**: Os papagaios deslocados pela destruição do habitat podem voltar-se para as zonas agrícolas, onde se alimentam de pomares de fruta e de culturas de cereais.

5. O papel das aves no controlo das pragas

Enquanto algumas espécies de aves causam danos às culturas, outras desempenham um papel essencial no controlo das pragas nos sistemas agrícolas. As aves insectívoras, por exemplo,

3

reduzem as populações de insectos que podem danificar as culturas, o que torna a sua deslocação e migração benéficas.

Como afecta as culturas:

- **Controlo natural de pragas**: As aves insectívoras migratórias, como as andorinhas e as toutinegras, alimentam-se frequentemente de insectos prejudiciais às culturas, como escaravelhos, pulgões e lagartas. Estas aves podem ajudar a reduzir a pressão das pragas durante a estação de crescimento, minimizando a necessidade de pesticidas químicos.
- **Controlo sazonal**: Durante certas estações, quando as populações de insectos atingem o seu pico, aves como os pica-paus, os papa-moscas e os martins podem ser cruciais na gestão de surtos de insectos em áreas agrícolas.

Exemplos:

- **Pintassilgo (*Progne subis*)**: Estes insectívoros aéreos migram sazonalmente e alimentam-se de grandes quantidades de insectos voadores, incluindo pragas que podem afetar as culturas.
- **Andorinhas-das-chaminés (*Hirundo rustica*)**: Estas aves migratórias reduzem as populações de insectos-praga nos campos agrícolas, proporcionando benefícios naturais de controlo de pragas durante as suas épocas de reprodução e migração.

6. Movimento das aves aquáticas e arrozais

Os arrozais, especialmente em regiões como o Sudeste Asiático e as Américas, são frequentemente afectados por aves aquáticas migratórias. Estas aves são atraídas pelas condições de humidade dos arrozais, onde podem alimentar-se de sementes, plantas jovens e invertebrados, causando por vezes danos significativos.

Como afecta as culturas:

- **Alimentação em plantas de arroz**: As aves aquáticas, como patos, garças e garças, podem alimentar-se de plântulas de arroz ou de culturas recém-plantadas. Nalguns casos, pisam ou arrancam plantas enquanto procuram alimentos em campos inundados.
- **Impacto misto**: Enquanto algumas aves danificam as culturas de arroz, outras, como as íbis e as cegonhas, podem trazer benefícios ao comerem as pragas das culturas, incluindo caracóis e insectos.

Exemplos:

- **Patos-reais (*Anas platyrhynchos*)**: Os patos migratórios alimentam-se de plântulas de arroz e podem causar danos significativos nos arrozais.
- **Garças (Família Ardeidae)**: Estas aves alimentam-se de peixes e invertebrados em arrozais, mas também podem arrancar plantas enquanto procuram alimento.

Conclusão

Os padrões de movimento e migração das aves podem ter efeitos positivos e negativos nas culturas. As aves migratórias podem causar danos significativos durante certas estações, especialmente quando os seus movimentos coincidem com as épocas de plantação ou de colheita. No entanto, muitas espécies de aves também desempenham um papel crucial no controlo de pragas, ajudando a reduzir as populações de insectos que podem prejudicar as culturas. A compreensão dos padrões e movimentos migratórios das aves permite aos agricultores desenvolver estratégias para mitigar os danos e, ao mesmo tempo, beneficiar dos serviços prestados pelas aves ao ecossistema.

Capítulo III: Tipos de danos causados às culturas e aos frutos

As aves podem causar vários tipos de danos às culturas e aos frutos, dependendo da espécie, do comportamento alimentar e do tipo de cultura. Eis um resumo dos vários tipos de danos causados pelas aves nas culturas e nos frutos:

1. Danos físicos às culturas

As aves causam frequentemente danos físicos diretos às culturas, alimentando-se de sementes, rebentos e plantas adultas. A gravidade dos danos varia consoante a fase de crescimento da planta e o tamanho e comportamento da espécie de ave.

Tipos de danos físicos:

- **Consumo de sementes**: Muitas aves, especialmente granívoras como pardais, pombos e pombas, consomem sementes plantadas no solo. Isto resulta numa fraca germinação e numa redução do rendimento das culturas.
    - **Exemplos**: Pombos e pombas que se alimentam de milho, trigo e sementes de girassol.
- **Danos nos rebentos e nas plântulas**: As aves podem arrancar ou danificar rebentos e plântulas jovens, especialmente durante as primeiras fases de crescimento das culturas. Isto leva a campos irregulares e a uma produtividade reduzida.
    - **Exemplos**: Corvos, pombos e pardais que arrancam rebentos de culturas como o milho e o arroz.
- **Danos nos caules e nas folhas**: Algumas aves arrancam as folhas ou danificam os caules enquanto se alimentam. Este facto pode reduzir a fotossíntese e atrasar o crescimento das plantas, conduzindo a uma diminuição do rendimento das culturas.
    - **Exemplos**: Papagaios e cacatuas que arrancam folhas e caules em pomares e vinhas.
- **Danos nas flores**: As aves que se alimentam do néctar ou dos botões florais podem interferir com a polinização e reduzir a produção de frutos ou sementes.
    - **Exemplos**: Os pássaros solares e os beija-flores que se alimentam das flores podem prejudicar as culturas frutícolas, impedindo o êxito da polinização.

2. Danos nos frutos

As aves frugívoras (espécies que se alimentam de frutos) causam danos significativos às culturas frutícolas. Estes danos podem ocorrer em qualquer fase do desenvolvimento dos frutos, desde os frutos imaturos até aos produtos totalmente maduros.

Tipos de danos nos frutos:

- **Bicadas e rasgões** nos frutos: As aves podem bicar ou rasgar os frutos, causando feridas superficiais ou profundas. Isto torna os frutos invendáveis e pode levar a danos secundários causados por pragas, doenças ou infecções fúngicas.
    - **Exemplos**:
        - Estorninhos a debicar uvas, cerejas e maçãs.
        - Os periquitos e os papagaios danificam os citrinos e as mangas.
- **Consumo completo de frutos**: Algumas espécies de aves podem consumir frutos inteiros, especialmente frutos pequenos como bagas, uvas e cerejas. Este facto pode reduzir significativamente a colheita para os agricultores.
    - **Exemplos**:
        - Pombos que se alimentam de pequenos frutos como os mirtilos.
        - Papagaios frugívoros que comem figos inteiros ou goiabas.
- **Queda prematura de frutos**: As aves podem provocar a queda prematura de frutos ao bicarem ou perturbarem a árvore. Isto reduz o rendimento global e afecta o momento da colheita.
    - **Exemplos**: Corvos ou papagaios que perturbam as mangueiras ou os abacateiros, provocando a queda prematura dos frutos.

3. Danos em grãos e cereais

As aves, em especial as granívoras, podem causar graves danos às culturas de grãos e cereais, como o trigo, o arroz, a cevada e o milho, tanto durante a plantação como após a maturação.

Tipos de danos em grãos e cereais:

- **Consumo antes da colheita**: As aves alimentam-se de grãos em fase de maturação, visando frequentemente os campos imediatamente antes ou durante a colheita, quando os grãos são mais nutritivos. Isto resulta numa perda de rendimento e de qualidade.
    - **Exemplos**:
        - Pardais e tentilhões que se alimentam de grãos de trigo, cevada e arroz antes da colheita.
        - Melros e corvos que danificam espigas de milho.
- **Danos pós-colheita**: Após a colheita, as aves podem continuar a alimentar-se dos grãos deixados nos campos ou armazenados em celeiros abertos. Isto pode levar a perdas substanciais após a colheita.
    - **Exemplos**: Pombos selvagens e pardais que atacam grãos de arroz ou de milho armazenados em armazéns agrícolas.
- **Pisoteio e acamamento**: Algumas aves de maior porte, como as aves aquáticas (gansos e patos), podem pisar ou aplanar as culturas enquanto se alimentam, o que

pode provocar o acamamento (quando as plantas ficam dobradas) e impedir a colheita correta.

  - **Exemplos**: Gansos que pisam os campos de arroz e alojam as culturas de trigo.

4. Danos em produtos hortícolas

Embora as aves danifiquem principalmente as culturas de frutos e cereais, algumas espécies também atacam os produtos hortícolas. A sua procura de alimentos pode resultar em danos nas folhas, caules e raízes dos produtos hortícolas.

Tipos de danos em vegetais:

- **Danos nas folhas e nos rebentos**: Aves como pombos, papagaios e corvos podem alimentar-se de vegetais de folha, danificando as folhas e, por vezes, arrancando a planta inteira. Estes danos são particularmente comuns em culturas como a alface, os espinafres e a couve.
  - **Exemplos**: Pombos e catatuas que se alimentam de folhas verdes e danificam a estrutura das plantas.
- **Danos nas raízes e nos bolbos**: Algumas aves podem escavar o solo para aceder a raízes, bolbos ou tubérculos. Isto provoca danos físicos nos vegetais de raiz, como as cenouras e as cebolas.
  - **Exemplos**: Corvos e pegas que escavam as culturas de raízes.
- **Danos em frutos e legumes**: As aves que se alimentam de frutos hortícolas, como tomates, pimentos e pepinos, podem causar danos superficiais e profundos, tornando os produtos invendáveis.
  - **Exemplos**: Corvos e estorninhos a debicar tomates e pepinos nas hortas.

5. Contaminação das culturas e danos secundários

As aves podem também causar danos indirectos às culturas, contaminando-as com excrementos ou facilitando a propagação de doenças, pragas e fungos.

Tipos de contaminação e danos secundários:

- **Contaminação** por **excrementos**: As aves podem contaminar as frutas, os legumes e os cereais com os seus excrementos, o que causa problemas de higiene e reduz o valor de mercado das culturas. Em alguns casos, os excrementos podem transportar agentes patogénicos nocivos como Salmonella ou E. coli.
  - **Exemplos**: Estorninhos que se empoleiram nos pomares e contaminam os frutos com excrementos.

- **Introdução de pragas e doenças**: As aves podem propagar doenças ou pragas que afectam as culturas. Por exemplo, as aves podem transportar e transmitir esporos de fungos ou bactérias às plantas, ou podem atuar como vectores de certas pragas de insectos.
    - **Exemplos**: Os pássaros espalham fungos que causam bolor nas uvas e noutros frutos.
- **Danos nas infra-estruturas**: As aves podem também danificar infra-estruturas relacionadas com a agricultura, como redes, estufas ou sistemas de irrigação, o que leva à exposição das culturas a pragas ou ao stress ambiental.
    - **Exemplos**: Papagaios ou catatuas que mastigam redes de proteção em pomares ou explorações hortícolas.

6. Pisoteio e desenraizamento

Algumas espécies de aves de maior porte, como as aves aquáticas ou os grous, podem causar danos ao pisarem ou arrancarem plantas enquanto se alimentam. Esta situação é especialmente problemática em arrozais e campos de culturas de cereais.

Tipos de pisoteio e desenraizamento:

- **Arranque de plantas**: Aves como gansos e patos podem arrancar plantas jovens enquanto procuram sementes ou tubérculos, causando a perda de plântulas e deixando o campo irregular.
    - **Exemplos**: Gansos que arrancam plantas jovens de arroz ou de trigo em campos húmidos.
- **Achatamento ou acamamento**: As aves de maior porte podem achatar ou danificar as culturas maduras ao caminharem por elas, dificultando a colheita.
    - **Exemplos**: Gruas e gansos que aplanam as culturas de cereais, nomeadamente durante a migração.

7. Impacto económico

Os danos causados pelas aves podem levar a perdas económicas significativas para os agricultores. O rendimento das culturas é reduzido, a qualidade dos produtos é comprometida e podem ser incorridos custos adicionais com medidas de proteção ou de dissuasão das aves.

Exemplos de impacto económico:

- **Redução dos rendimentos**: As aves que se alimentam das culturas podem reduzir o rendimento global, especialmente em pomares de fruta, campos de cereais e explorações hortícolas.

- **Qualidade do mercado**: As frutas e os produtos hortícolas danificados pelas aves não cumprem frequentemente as normas do mercado, o que resulta numa perda de rendimento.
- **Aumento dos custos**: Os agricultores podem ter de investir em dispositivos de dissuasão das aves (redes, espantalhos, dispositivos sonoros) ou replantar culturas danificadas, o que aumenta os custos de produção.

Conclusão

Os tipos de danos causados às culturas e aos frutos pelas aves são diversos e vão desde o consumo direto à contaminação e ao pisoteio. Diferentes espécies de aves causam níveis variáveis de danos, com algumas aves a comerem sementes, frutos e legumes, enquanto outras causam danos secundários através da introdução de doenças ou pragas. A compreensão destes padrões é crucial para o desenvolvimento de estratégias eficazes de gestão e atenuação para reduzir as perdas agrícolas relacionadas com as aves.

Danos diretos: bicadas, consumo de frutos e grãos

Os danos diretos causados pelas aves, especificamente através da **debicagem** e **do consumo de frutos e grãos**, são uma das formas mais significativas de as aves afectarem a agricultura. Esta forma de danos é comum em culturas como os frutos, os grãos e os cereais, e conduz a perdas quantitativas e qualitativas para os agricultores.

1. Danos causados por picos

A debicagem refere-se às aves que utilizam os seus bicos para perfurar ou rasgar frutos, grãos ou sementes. Este comportamento pode causar danos consideráveis, especialmente quando estão envolvidas várias aves, mesmo que estas não consumam toda a colheita.

Caraterísticas dos danos causados pela debicagem:

- **Danos superficiais**: As aves debicam a pele ou a superfície exterior dos frutos, cereais ou legumes, deixando frequentemente pequenas feridas de perfuração. Isto pode tornar o produto mais suscetível a infecções fúngicas ou bacterianas.
  - **Exemplo**: Marcas de bicadas em maçãs, uvas ou tomates que tornam o fruto invendável, apesar de a polpa interior permanecer praticamente intacta.
- **Feridas profundas**: Nalguns casos, as aves bicam mais profundamente o fruto ou o grão, expondo o interior. Isto pode levar a uma maior deterioração devido à humidade, pragas e doenças, tornando impossível a venda da colheita danificada.
  - **Exemplo**: Papagaios ou estorninhos a debicar laranjas ou cerejas, deixando feridas grandes e inestéticas.

Culturas normalmente afectadas pela debicagem:

- **Frutos**: Maçãs, uvas, pêssegos, cerejas, citrinos, bagas e melões.
- **Grãos**: Milho, trigo, arroz, cevada e sorgo.
- **Legumes**: Tomates, pepinos, abóboras e pimentos.

Exemplos de aves responsáveis pela debicagem:

- **Estorninhos europeus**: Conhecidos por causarem danos significativos em pomares de fruta, especialmente uvas, cerejas e maçãs.
- **Corvos e corvos**: Comumente bicam o milho e frutas como mangas e tomates, danificando uma grande parte da colheita.
- **Papagaios**: Nas regiões tropicais, os papagaios causam grandes danos ao bicarem os citrinos, as mangas e as papaias.

2. Consumo de frutas e cereais

O consumo refere-se ao facto de as aves se alimentarem das partes comestíveis das culturas. Este tipo de danos pode variar desde o consumo parcial (deixando partes da cultura danificadas) até ao consumo total (perda completa da cultura).

Caraterísticas dos danos de consumo:

- **Consumo parcial**: As aves podem comer parte dos frutos ou dos grãos, deixando o resto na planta. Isto torna a cultura invendável e suscetível de sofrer danos secundários causados por pragas ou doenças.
  - **Exemplo**: Aves que consomem partes de maçãs, espigas de milho ou sementes de girassol, deixando a parte danificada apodrecer ou atrair outras pragas.
- **Consumo completo**: Nos casos em que as populações de aves são grandes ou particularmente agressivas, elas podem consumir frutos ou grãos inteiros, levando a perdas significativas de rendimento.
  - **Exemplo**: Bandos de pombos ou papagaios que consomem bagas, cerejas ou grãos inteiros do campo.

Culturas normalmente afectadas pelo consumo:

- **Frutos**: Uvas, cerejas, mirtilos, maçãs, pêras, citrinos e figos.
- **Grãos**: Milho, trigo, arroz, sorgo, aveia, cevada e painço.

Exemplos de aves responsáveis pelo consumo:

- **Melros e gralhas**: São conhecidos por se alimentarem de cereais como o milho e o trigo, o que provoca frequentemente a perda de espigas ou cabeças inteiras de cereais.
- **Pombos e pombas**: Estas aves consomem habitualmente cereais como o arroz, o trigo e a cevada, bem como pequenos frutos como bagas e uvas.
- **Gansos e patos**: Estas aves aquáticas são famosas por consumirem cereais nos campos, nomeadamente nos arrozais e nos campos de trigo.

Impacto económico e ecológico da debicagem e do consumo

- **Perda de rendimento**: Os danos causados pela debicagem e pelo consumo conduzem a reduções diretas no rendimento das culturas, uma vez que os frutos ou grãos danificados são frequentemente invendáveis.
- **Redução da qualidade**: Mesmo que apenas uma pequena parte da colheita seja danificada, pode reduzir a qualidade geral, tornando-a imprópria para venda em mercados com padrões elevados.
- **Perdas indirectas**: As culturas danificadas pela debicagem e pelo consumo podem ser mais susceptíveis a infecções, bolores ou pragas, o que conduz a perdas económicas adicionais.

Estratégias de gestão e atenuação:

- **Redes**: As barreiras físicas, tais como as redes para aves, são frequentemente utilizadas para proteger os pomares de fruta da debicagem e do consumo por parte das aves.
- **Tácticas de intimidação**: Dispositivos como espantalhos, canhões de som ou fitas reflectoras são utilizados para dissuadir as aves de atacar as culturas.
- **Culturas** de engodo: Nalguns casos, os agricultores plantam culturas de engodo para atrair as aves para longe da colheita principal, reduzindo os danos causados às culturas de elevado valor.
- **Repelentes químicos**: Alguns repelentes químicos não letais podem ser pulverizados nas culturas para dissuadir as aves de se alimentarem delas.

Conclusão

O debicar e o consumo são duas das formas mais comuns pelas quais as aves causam danos diretos às culturas agrícolas, particularmente em pomares de fruta e campos de cereais. A compreensão do comportamento das aves, juntamente com a aplicação de estratégias de mitigação eficazes, pode ajudar a reduzir as perdas económicas causadas por danos nas culturas relacionados com as aves.

Danos indirectos: pisoteio, contaminação de fontes de água

Os danos indirectos causados pelas aves podem ter um impacto significativo nos sistemas agrícolas e nos ecossistemas. As duas principais formas de danos indirectos incluem o **pisoteio** e **a contaminação das fontes de água**.

1. Danos por atropelamento

O pisoteio refere-se ao impacto físico que as aves podem ter nas culturas e no solo quando caminham pelos campos. Este tipo de danos é particularmente notório nas aves de maior porte, como as aves aquáticas e algumas aves marinhas.

Caraterísticas dos danos causados por atropelamento:

- **Arrancar plantas**: As aves podem arrancar plantas jovens, especialmente em campos onde as culturas acabaram de ser plantadas. Isto não só reduz as populações de plantas como também afecta a densidade global das culturas.
  - **Exemplo**: Os gansos ou patos que andam por arrozais recentemente plantados podem arrancar as plântulas enquanto se alimentam.
- **Achatamento ou acamamento**: Quando as aves se deslocam através de culturas maduras, podem achatar ou dobrar as plantas, dificultando a colheita e reduzindo a qualidade geral da cultura.
  - **Exemplo**: Os grous ou gansos que andam pelos campos de milho ou de trigo podem causar um alojamento significativo.
- **Compactação do solo**: O peso das aves de maior porte pode compactar o solo, afectando o desenvolvimento das raízes e a absorção de água pelas culturas. Isto pode levar a uma redução do crescimento e do rendimento ao longo do tempo.
  - **Exemplo**: O pisoteio frequente em áreas de pastagem pode levar à compactação do solo, o que afecta negativamente o crescimento da erva.

Culturas habitualmente afectadas pelo pisoteio:

- **Cereais**: Trigo, milho, arroz e cevada.
- **Frutas e legumes**: Pomares jovens e culturas hortícolas, especialmente durante as primeiras fases de crescimento.

Exemplos de aves responsáveis por atropelamentos:

- **Gansos do Canadá**: Conhecidos por pastarem nos campos e pisarem culturas como a erva e os cereais jovens.
- **Patos**: Frequentemente encontrados nos arrozais, podem causar o pisoteio e o arranque das plântulas de arroz.

- **Grous de Sandhill**: Deslocam-se frequentemente pelos campos agrícolas, causando danos a várias culturas devido ao seu peso e movimento.

2. Contaminação das fontes de água

As aves podem também danificar indiretamente os sistemas agrícolas, contaminando as fontes de água com os seus excrementos. Este facto pode ter implicações significativas tanto para a irrigação das culturas como para a saúde dos animais.

Caraterísticas da contaminação da água:

- **Poluição por nutrientes**: Os excrementos das aves são ricos em nutrientes como o azoto e o fósforo. Embora estes nutrientes possam promover o crescimento das plantas, quantidades excessivas podem levar ao escoamento de nutrientes, resultando em proliferação de algas e problemas de qualidade da água.
  - **Exemplo**: O aumento dos níveis de nutrientes nas lagoas ou lagos utilizados para irrigação pode levar à proliferação de algas, prejudicando os ecossistemas aquáticos e reduzindo a qualidade da água.
- **Introdução ao agente patogénico**: Os excrementos das aves podem transportar agentes patogénicos nocivos, tais como bactérias (por exemplo, E. coli), vírus e parasitas. Isto representa um risco para a saúde do gado e pode contaminar as culturas.
  - **Exemplo**: A contaminação da água de irrigação com agentes patogénicos provenientes de excrementos de aves pode levar a problemas de segurança alimentar e a perdas de colheitas.
- **Eutrofização**: Quando o escoamento rico em nutrientes de massas de água contaminadas flui para massas de água maiores, pode causar eutrofização, levando ao esgotamento do oxigénio e à morte da vida aquática.
  - **Exemplo**: A eutrofização em lagos agrícolas devido aos elevados níveis de nutrientes provenientes dos excrementos das aves pode perturbar as populações de peixes e reduzir a biodiversidade.

Culturas e gado afectados pela contaminação da água:

- **Culturas de regadio**: Qualquer cultura irrigada com água contaminada, como frutas e legumes, pode enfrentar problemas de qualidade e riscos para a saúde.
- **Pecuária**: Os animais que bebem de fontes de água contaminadas podem ter problemas de saúde, afectando a produtividade geral da exploração.

Exemplos de aves responsáveis pela contaminação da água:

4

- **Aves aquáticas**: Patos, gansos e cisnes reúnem-se em torno de lagoas e lagos, onde os seus excrementos podem afetar significativamente a qualidade da água.
- **Aves marinhas**: Nas zonas agrícolas costeiras, as aves marinhas podem também contribuir para a contaminação da água perto das explorações agrícolas.

Impacto económico e ecológico dos danos indirectos

- **Redução do rendimento das culturas**: O pisoteio e a contaminação da água podem levar à redução do rendimento das culturas, aumentando os custos para os agricultores e afectando o abastecimento alimentar.
- **Problemas de saúde do gado**: As fontes de água contaminadas podem resultar em problemas de saúde para o gado, levando a uma diminuição da produtividade e a potenciais perdas.
- **Perturbação dos ecossistemas**: Os danos indirectos podem perturbar os ecossistemas locais, levando a alterações na composição das espécies e afectando negativamente a biodiversidade.

Estratégias de gestão e atenuação:

- **Cercas e barreiras**: A instalação de vedações ou barreiras pode ajudar a proteger os campos do pisoteio de aves de maior porte, preservando simultaneamente os habitats naturais nas proximidades.
- **Monitorização da qualidade da água**: A monitorização regular das fontes de água pode ajudar a detetar precocemente a contaminação, permitindo intervenções atempadas para proteger as culturas e o gado.
- **Gestão de habitats**: A gestão dos habitats em torno dos campos agrícolas pode ajudar a manter as aves afastadas das zonas sensíveis, reduzindo os riscos de pisoteio e de contaminação.

Conclusão

Os danos indirectos causados pelas aves, incluindo o pisoteio e a contaminação da água, colocam desafios significativos à agricultura. A compreensão destes impactos e a aplicação de estratégias de gestão eficazes são cruciais para minimizar as perdas e proteger tanto as culturas como os ecossistemas.

Tipos de culturas e frutos afectados pelas aves

As aves podem afetar uma vasta gama de culturas e frutos através de danos diretos, como a debicagem e o consumo, bem como de danos indirectos, como o pisoteio e a contaminação. Os diferentes tipos de culturas e frutos são afectados em função das espécies de aves, dos seus hábitos alimentares e da região geográfica. Segue-se uma lista dos tipos de culturas e frutos normalmente afectados pelas aves:

1. Cereais e Grãos

As aves, em particular as espécies granívoras, atacam as culturas de cereais pelas suas sementes, causando danos significativos tanto antes como depois da colheita.

Cereais normalmente afectados:

- **Trigo**: As aves, especialmente pardais, melros e pombos, debicam os grãos de trigo durante a fase de maturação.
- **Arroz**: As aves aquáticas, como os patos e os gansos, são famosas por se alimentarem nos arrozais, consumindo os grãos e arrancando as plântulas.
- **Milho (Maize)**: Os corvos, melros e gralhas danificam o milho bicando as espigas antes da colheita, comendo os grãos diretamente da espiga.
- **Cevada**: As aves granívoras, como os pardais e os tentilhões, alimentam-se dos grãos de cevada que estão a amadurecer, reduzindo o rendimento.
- **Aveia**: As aves, como os tentilhões e os pombos, alimentam-se de aveia, sobretudo quando os grãos estão a amadurecer.

2. Frutos

As aves frugívoras (espécies que se alimentam de frutos) causam grandes danos a uma grande variedade de culturas frutícolas, bicando, rasgando ou consumindo frutos inteiros.

Frutos normalmente afectados:

- **Uvas**: Estorninhos, melros e papagaios debicam as uvas, causando perdas significativas nas vinhas.
- **As cerejas**: Os tordos, estorninhos e corvos debicam as cerejas tanto na árvore como depois de caírem no chão.
- **Maçãs**: Os corvos, pegas e estorninhos bicam as maçãs, causando danos superficiais que tornam os frutos invendáveis.
- **Citrinos (laranjas, limões e limas)**: Os papagaios e os corvos danificam os citrinos fazendo buracos na casca, expondo os frutos a pragas e à podridão.
- **Mangas**: Os papagaios e os corvos alimentam-se das mangas, danificando tanto os frutos imaturos como os maduros.
- **Peras**: Os estorninhos, os melros e os corvos atacam as peras nos pomares, causando feridas superficiais e mais profundas.

- **Mirtilos**: Os pombos, pardais e melros consomem mirtilos na totalidade, comendo frequentemente porções significativas de uma colheita.
- **Figos**: Os papagaios e os estorninhos consomem figos inteiros, causando perdas substanciais nos pomares.
- **Morangos**: Os pardais, os pombos e os melros alimentam-se dos morangos, bicando frequentemente os frutos durante a sua maturação.

3. Produtos hortícolas

Embora as aves prefiram, em geral, cereais e frutos, algumas espécies também se dirigem às culturas hortícolas.

Legumes normalmente afectados:

- **Tomates**: Aves como corvos, estorninhos e pardais bicam os tomates, causando danos estéticos e tornando-os susceptíveis de apodrecer.
- **Pimentos**: As aves, especialmente os corvos e as pegas, bicam os pimentos, danificando a pele e expondo os frutos a pragas.
- **Alface e verduras de folha**: Os pombos e os pardais debicam a alface e outras verduras de folha, especialmente quando as plantas são jovens.
- **Abóboras e abóboras**: As aves podem debicar as abóboras e as abóboras, danificando a casca exterior e provocando a sua deterioração.
- **Pepinos**: Os corvos e os melros bicam frequentemente os pepinos, causando danos estéticos e reduzindo a sua comercialização.

4. Sementes oleaginosas

As aves, em particular as espécies granívoras, também se dirigem a culturas como o girassol e a canola pelas suas sementes, que têm um elevado teor de óleo.

Sementes oleaginosas comummente afectadas:

- **Girassol**: Aves como pombos, pombas e tentilhões alimentam-se de sementes de girassol diretamente da cabeça da flor, causando grandes perdas antes da colheita.
- **Canola (colza)**: As aves, como os pombos e os tentilhões, debicam as vagens de sementes que estão a amadurecer, reduzindo o rendimento e a qualidade.

5. Leguminosas

As leguminosas são alvo de certas espécies de aves, especialmente na fase de semente ou de vagem.

Leguminosas comumente afectadas:

- **Soja**: As aves, em especial os pombos e os pardais, podem danificar as plantas de soja ao alimentarem-se das sementes.
- **Ervilhas e feijões**: As aves debicam as vagens das ervilhas e dos feijões, causando danos físicos e riscos de infeção secundária.
- **Lentilhas**: Os pardais e tentilhões podem alimentar-se das culturas de lentilhas, especialmente quando as sementes estão a amadurecer.

6. Porcas

As culturas de frutos secos são frequentemente visadas pelas aves devido ao seu elevado teor de gordura, o que as torna uma fonte de alimento atractiva.

Frutos secos vulgarmente afectados:

- **Amêndoas**: Sabe-se que os corvos e os gaios abrem as cascas das amêndoas e consomem os frutos secos.
- **Nozes**: Os corvos, pegas e gaios também atacam os pomares de nogueiras, especialmente durante a época da colheita.
- **Pistácios**: As aves, como os corvos e os estorninhos, debicam as cascas dos pistácios, danificando os frutos secos no seu interior.

7. Outras culturas

Alguns outros tipos de culturas também podem ser afectados pelas aves, consoante a espécie e a região.

Exemplos:

- **Cana-de-açúcar**: Sabe-se que papagaios e cacatuas mastigam os colmos da cana-de-açúcar, causando danos físicos e reduzindo a produção de açúcar.
- **Sorgo**: As aves, como os pombos e os pardais, alimentam-se dos grãos de sorgo, afectando o rendimento.
- **O painço**: As aves granívoras consomem sementes de painço, tanto no campo como após a colheita.
- **Tabaco**: Algumas aves podem debicar as folhas de tabaco, causando danos físicos e reduzindo o valor de mercado.

Conclusão

Uma vasta gama de culturas e frutos é vulnerável aos danos causados pelas aves, com diferentes espécies a visarem culturas específicas com base nas suas preferências alimentares. As aves granívoras tendem a concentrar-se nos cereais e grãos, enquanto as espécies frugívoras causam os maiores danos nos pomares. Os danos causados às culturas pelas aves podem reduzir significativamente os rendimentos e a qualidade, conduzindo a perdas económicas para os agricultores. Para atenuar estes impactos, são necessárias técnicas de gestão adequadas, como a colocação de redes, dispositivos de afugentamento e modificação do habitat.

Impacto económico dos danos causados pelas aves na agricultura

O impacto económico dos danos causados pelas aves na agricultura pode ser substancial, afectando tanto a qualidade como a quantidade das culturas, conduzindo a perdas financeiras diretas para os agricultores e a efeitos em cadeia em todo o sector agrícola. Os danos causados pelas aves às culturas variam consoante a região, o tipo de cultura, as espécies de aves e a gravidade das infestações, mas o seu impacto global pode fazer-se sentir tanto a nível das explorações agrícolas como a nível nacional.

Eis um resumo de como os danos causados pelas aves afectam a economia agrícola:

1. Perdas de rendimento

Um dos impactos económicos mais imediatos e significativos dos danos causados pelas aves é a redução do rendimento das culturas.

Perdas diretas de rendimento:

- **Redução da colheita**: As aves consomem diretamente frutos, grãos e sementes, o que leva a uma redução das culturas disponíveis para colheita. No caso de culturas muito danificadas, as perdas de rendimento podem variar entre 5% e 50%, consoante a cultura e a população de aves.
    - **Exemplo**: Nas vinhas, aves como os estorninhos podem consumir cachos inteiros de uvas, resultando em grandes perdas durante a vindima.
- **Redução da qualidade**: As bicadas das aves danificam o aspeto dos frutos, legumes e cereais, reduzindo o seu valor de mercado. Nalguns casos, os danos fazem com que a cultura não possa ser vendida nos mercados de produtos frescos.

Perdas indirectas de rendimento:

- **Infecções secundárias**: As aves que debicam ou pisam as culturas abrem feridas que tornam as plantas susceptíveis a infecções fúngicas e bacterianas, resultando em mais perdas.
  - **Exemplo**: As maçãs danificadas por pássaros podem ficar infectadas com bolor, resultando em perdas pós-colheita durante o armazenamento.

2. Aumento dos custos de controlo das pragas

Para atenuar os danos causados pelas aves, os agricultores têm frequentemente de investir em medidas de controlo das aves, o que aumenta os custos de produção.

Custos das medidas de controlo das aves:

- **Barreiras físicas**: A instalação de redes ou telas para proteger as culturas das aves é eficaz mas pode ser dispendiosa. O custo da rede por acre para pomares de fruta, por exemplo, pode ser elevado, especialmente em operações de grande escala.
  - **Exemplo**: Nas vinhas, o custo da instalação de redes de proteção para aves pode variar entre 1 000 e 3 000 dólares por acre, dependendo do tamanho e do tipo de rede utilizada.
- **Dispositivos de afugentamento**: Os agricultores utilizam canhões sonoros, dispositivos visuais de afugentamento (por exemplo, espantalhos, fita reflectora) e chamarizes de predadores para dissuadir as aves. No entanto, estes métodos são frequentemente soluções de curto prazo e podem não ser totalmente eficazes.
- **Repelentes químicos**: Os repelentes químicos não letais também podem ser utilizados para dissuadir as aves, mas estes produtos químicos aumentam os custos de produção e podem ter de ser reaplicados várias vezes ao longo da estação de crescimento.

Custos de mão de obra:

- **Controlo manual de aves**: A contratação de trabalhadores para gerir as estratégias de controlo das aves, como a monitorização dos campos e a reaplicação de repelentes, aumenta os custos de mão de obra. Isto é particularmente comum em operações agrícolas de grande escala, onde as populações de aves podem estar muito disseminadas.
  - **Exemplo**: Nalguns casos, é necessária mão de obra adicional para instalar e manter sistemas de redes ou operar dispositivos de assustar.

3. Perda de produtos comercializáveis

Os danos causados pelas aves afectam a qualidade e o aspeto dos produtos, tornando-os menos atractivos para os consumidores e reduzindo o preço que os agricultores podem receber pelos seus produtos.

Classificação das descidas:

- **Descidas de qualidade**: Muitos produtos agrícolas são classificados com base no seu aspeto, e os frutos e legumes danificados por aves são frequentemente classificados em categorias inferiores. Os produtos de qualidade inferior têm preços mais baixos no mercado.
    - **Exemplo**: As maçãs com picos de pássaros podem ser desclassificadas para "grau de transformação", reduzindo o seu preço em 50% ou mais em comparação com as maçãs frescas do mercado.

Rejeição dos mercados de topo de gama:

- **Mercados de alta qualidade**: Os mercados de topo de gama, como os mercados biológicos ou de exportação, podem rejeitar produtos que não cumpram normas de qualidade rigorosas, levando a perdas financeiras significativas.
    - **Exemplo**: As uvas danificadas pelas aves têm menos probabilidades de cumprir as normas para a produção de vinho, especialmente nas regiões vinícolas de qualidade superior, o que leva a uma redução do rendimento dos produtores.

4. Danos em infra-estruturas e equipamentos

As aves, especialmente em grandes populações, podem danificar as infra-estruturas agrícolas, aumentando os custos de manutenção e reparação.

Exemplos de danos nas infra-estruturas:

- **Sistemas de irrigação**: As aves podem danificar os tubos de rega, os aspersores e outros sistemas de gestão da água enquanto se empoleiram ou procuram alimento, o que leva a um aumento dos custos de reparação.
    - **Exemplo**: Os gansos e os patos podem danificar os sistemas de irrigação nos arrozais, provocando interrupções no abastecimento de água e no crescimento das culturas.
- **Infraestrutura pós-colheita**: Os excrementos das aves podem contaminar as máquinas agrícolas, silos e áreas de armazenamento, resultando em problemas de saneamento e custos adicionais de limpeza.

5. Segurança alimentar e contaminação

Os excrementos, as penas e os materiais de nidificação das aves podem contaminar as culturas e as fontes de água, dando origem a problemas de segurança alimentar e a potenciais riscos para a saúde. Esta contaminação pode ter um impacto económico profundo, especialmente em sectores de alto risco como o dos produtos frescos.

Riscos de segurança alimentar:

- **Transmissão de agentes patogénicos**: Os excrementos das aves podem transportar agentes patogénicos como a Salmonella e a E. coli, que podem contaminar os produtos frescos e levar a surtos de doenças de origem alimentar. Isto não só afecta a saúde dos consumidores, como também pode resultar em recolhas dispendiosas e acções judiciais.
  - **Exemplo**: Em 2011, excrementos de aves contaminaram a água de irrigação num campo de melões, levando a um surto generalizado de Listeria nos Estados Unidos.

Perdas de mercado devido à contaminação:

- **Recolhas e litígios**: Os produtos contaminados podem levar a recolhas dispendiosas, à perda de confiança dos consumidores e a potenciais acções judiciais. Os agricultores e produtores enfrentam perdas financeiras significativas devido à contaminação das culturas e à rejeição do mercado.
  - **Exemplo**: Se a alface ou os espinafres contaminados por aves estiverem ligados a um surto de doença de origem alimentar, pode ser necessário recolher todo o lote, o que pode levar a perdas financeiras significativas.

6. Impacto económico a nível regional e nacional

Nas zonas onde certas culturas constituem a espinha dorsal da economia, os danos causados pelas aves podem ter um impacto económico mais vasto do que as explorações agrícolas individuais.

Impacto nas cadeias de abastecimento:

- **Redução da produção agrícola**: Os danos em grande escala em culturas como o arroz, o trigo ou os frutos podem levar à redução da produção agrícola, afectando o abastecimento alimentar regional e nacional.
- **Preços mais elevados**: A redução da oferta pode fazer subir os preços dos produtos afectados, com impacto nos consumidores e na indústria alimentar em geral. Por

exemplo, os danos provocados pelas aves nas vinhas podem levar ao aumento dos preços do vinho devido à menor disponibilidade de uvas.

Estimativas de perdas económicas:

- **Perdas globais**: Estima-se que as aves causem anualmente milhares de milhões de dólares em perdas agrícolas em todo o mundo. Por exemplo, só nos EUA, os prejuízos causados pelas aves na agricultura excedem os 100 milhões de dólares por ano, com culturas específicas como o arroz e o girassol a registarem perdas significativas.

Exemplos de estudos de caso:

- **Cultivo de arroz**: Em países como a Índia e o Sudeste Asiático, onde o arroz é uma cultura de base, os danos causados pelas aves por espécies como as garças e os patos podem reduzir os rendimentos em 10-15%, contribuindo para a insegurança alimentar e a instabilidade económica.
- **Pomares de fruta**: Na Austrália, os danos causados por espécies como as catatuas e os papagaios podem resultar em perdas anuais de milhões de dólares nos sectores dos citrinos, da manga e da maçã.

7. Impacto nos mercados de exportação

Em alguns casos, os danos provocados pelas aves podem afetar a qualidade das exportações, levando à perda de oportunidades no mercado internacional.

- **Restrições à exportação**: Os países que importam produtos agrícolas podem impor restrições ou rejeitar carregamentos se for detectada contaminação relacionada com aves.
    - **Exemplo**: Um carregamento de cereais ou de frutas que apresente sinais de contaminação por aves pode ser rejeitado por um país importador, levando à perda de receitas para os exportadores e agricultores.

Conclusão

Os danos causados pelas aves na agricultura resultam em perdas económicas substanciais através da redução da produção, do aumento dos custos de controlo das pragas, de problemas de contaminação e da desvalorização do mercado. Para reduzir estes impactos, são necessárias estratégias de gestão eficazes, como a dissuasão das aves, a modificação do habitat e a melhoria do saneamento. No entanto, os custos destas intervenções podem também aumentar os encargos financeiros dos agricultores, tornando a gestão das aves uma preocupação económica fundamental na agricultura moderna.

Capítulo IV: Estudos de casos de danos causados por aves na agricultura

Danos causados por espécies específicas no sul da Índia

No sul da Índia, várias espécies de aves causam danos significativos às culturas agrícolas e aos pomares de fruta. A rica biodiversidade e a vasta paisagem agrícola da região tornam-na particularmente suscetível a perdas relacionadas com as aves. A extensão dos danos varia consoante a espécie, a cultura e as práticas agrícolas locais. Seguem-se algumas das principais espécies de aves responsáveis por danos em culturas e frutos no sul da Índia, juntamente com os tipos de culturas que afectam.

1. Periquito-de-rabo-rosa (*Psittacula krameri*)

O periquito-das-rosas é uma das pragas de aves mais notórias no sul da Índia, particularmente nos pomares de fruta.

Danos:

- **Culturas frutícolas**: Os periquitos são responsáveis por danos significativos em frutos como **mangas**, **goiabas**, **bananas**, **papaias** e **citrinos**. Eles bicam os frutos, fazendo com que apodreçam ou se tornem não comercializáveis.
- **Cereais**: Também se dirigem a culturas de cereais como o **painço**, **o sorgo** e **o arroz**, comendo as sementes diretamente das plantas.

Regiões afectadas:

- Tamil Nadu, Andhra Pradesh, Karnataka e Kerala
- Pomares e zonas agrícolas com árvores de fruto e culturas cerealíferas.

2. Corvos domésticos (*Corvus splendens*)

Os corvos domésticos são aves altamente adaptáveis que se desenvolvem tanto em zonas urbanas como rurais, causando danos a uma vasta gama de culturas.

Danos:

- **Frutos**: Os corvos causam danos nas **mangas**, **bananas** e **cocos**, bicando os frutos. Podem destruir partes significativas da colheita, tornando os frutos invendáveis.
- **Culturas cerealíferas**: Também danificam **o arroz**, **o milho** e **o trigo**, bicando os grãos e arrancando as plântulas jovens.

- **Produtos hortícolas**: Os corvos também podem debicar **tomates, malaguetas** e outras culturas hortícolas, especialmente durante a maturação.

Regiões afectadas:

- Zonas agrícolas urbanas e peri-urbanas do sul da Índia, especialmente em Tamil Nadu e Kerala.

3. Myna comum (*Acridotheres tristis*)

As mynas comuns são aves altamente oportunistas e são conhecidas pela sua adaptabilidade a diferentes ambientes. Causam frequentemente danos agrícolas no sul da Índia.

Danos:

- **Frutos**: As Mynas são uma praga importante nos pomares de **uvas** e **bananas**, onde bicam os frutos maduros.
- **Culturas de cereais**: Também atacam **o arroz, o sorgo** e **o painço**, comendo as sementes e danificando as culturas em várias fases de crescimento.
- **Produtos hortícolas**: As aves Myna também se alimentam de legumes macios, como o **tomate** e **o pimento**, o que provoca perdas de rendimento.

Regiões afectadas:

- Campos agrícolas em Tamil Nadu, Karnataka e Kerala.
- Frequentemente observada perto de povoações humanas e campos de cultivo.

4. Tecelão da baía (*Ploceus philippinus*)

Os tecelões de Baya são aves granívoras que causam frequentemente danos às culturas de cereais no sul da Índia.

Danos:

- **Arroz**: Os tecelões de Baya alimentam-se dos grãos de arroz em amadurecimento, causando grandes danos nos arrozais.
- **Milho-miúdo e sorgo**: Também são conhecidos por atacarem as culturas de **milho-miúdo** e **sorgo**, alimentando-se das sementes e reduzindo os rendimentos.

Regiões afectadas:

5

- Estados do sul da Índia, como o Karnataka e o Tamil Nadu, onde se cultiva o arroz e o painço.

5. Pavão indiano (*Pavo cristatus*)

A pavoa indiana, ou pavão, é a ave nacional da Índia e está protegida por lei, mas pode causar danos significativos às culturas em determinadas zonas.

Danos:

- **Culturas de cereais**: Sabe-se que os pavões danificam as culturas de **arroz**, **trigo** e **cevada** bicando os grãos e pisoteando as plantas. O seu grande tamanho agrava os danos causados pelo pisoteio.
- **Legumes**: Também danificam as culturas de **batata**, **tomate** e **cebola**, arrancando as plantas à procura de alimento.

Regiões afectadas:

- Sul da Índia, especialmente nas zonas rurais e semi-rurais de Tamil Nadu e Karnataka, onde estas aves são abundantes.

6. Corvo da selva (*Corvus macrorhynchos*)

O corvo da selva é uma espécie de corvo de maiores dimensões que se encontra em zonas rurais e florestais, onde também entra em contacto com campos agrícolas.

Danos:

- **Plantações de cocos**: Os corvos da selva são famosos por atacarem **as plantações de cocos**, onde danificam os cocos fazendo-lhes buracos para beber a água ou comer a carne.
- **Culturas de frutos**: Também danificam as **mangas**, **as bananas** e **as papaias** bicando os frutos, o que provoca a sua deterioração.

Regiões afectadas:

- Regiões produtoras de coco de Kerala, Tamil Nadu e Karnataka costeiro.

7. Aves aquáticas (patos, gansos e garças)

As aves aquáticas, incluindo espécies como os **patos** e **as garças**, são comuns nas zonas húmidas do sul da Índia e causam danos significativos aos campos de arroz.

Danos:

- **Arrozais**: Os patos e as garças são grandes pragas nos **arrozais**, onde se alimentam das plântulas e dos grãos de arroz. O seu pisoteio pode arrancar as plantas jovens, causando danos adicionais.

Regiões afectadas:

- Zonas húmidas e regiões de cultivo de arroz em Tamil Nadu, Andhra Pradesh e Kerala.

8. Koel indiano (*Eudynamys scolopaceus*)

O koel indiano é uma ave frugívora que se alimenta principalmente de pomares no sul da Índia.

Danos:

- **Pomares de frutas**: Os caracóis alimentam-se de frutos como **mangas**, **goiabas** e **bananas**, causando danos através de bicadas nos frutos. Isto reduz o valor de mercado e pode levar à deterioração.

Regiões afectadas:

- Pomares de frutos em Tamil Nadu, Kerala e Karnataka.

9. Drongo preto (*Dicrurus macrocercus*)

O drongo preto, embora seja principalmente uma ave insectívora, pode causar danos a certas culturas no sul da Índia.

Danos:

- **Culturas cerealíferas**: Podem ocasionalmente danificar **o arroz** e **o painço** bicando os grãos maduros, especialmente na altura da colheita.

Regiões afectadas:

- Encontrada em zonas agrícolas de Karnataka e Tamil Nadu.

Conclusão

Espécies de aves como periquitos-rosados, corvos, mynas e pavões causam danos significativos a uma variedade de culturas no sul da Índia, nomeadamente frutos, cereais e produtos hortícolas. O impacto económico destas pragas de aves é considerável, levando a perdas de rendimento, redução da comercialização e aumento dos custos de controlo das aves. A gestão das populações de aves através de estratégias de gestão integrada de pragas é crucial para mitigar estas perdas para os agricultores da região.

Danos causados por espécies específicas na Índia Oriental

No leste da Índia, várias espécies de aves causam danos significativos às culturas e aos pomares de fruta, afectando a produção agrícola. A ecologia diversificada da região, incluindo zonas húmidas, florestas e terras cultivadas, proporciona habitats para muitas espécies que se alimentam de produtos agrícolas. Segue-se uma lista das principais espécies de aves responsáveis por danos nas culturas no leste da Índia e os tipos de culturas que afectam.

1. Periquito-de-rabo-rosa (*Psittacula krameri*)

Tal como no sul da Índia, os periquitos-das-rosas são uma praga importante no leste da Índia, nomeadamente nos pomares de fruta.

Danos:

- **Culturas de frutos**: Os periquitos causam danos às **mangas**, **goiabas**, **lichias**, **bananas** e **papaias**, bicando os frutos. Isto torna os frutos susceptíveis de se estragarem e reduz a sua comercialização.
- **Culturas cerealíferas**: Os periquitos também atacam **o arroz**, **o milho** e **o trigo**, especialmente durante a fase de lançamento das sementes, reduzindo significativamente os rendimentos.

Regiões afectadas:

- Bengala Ocidental, Bihar, Odisha e Assam, onde a fruticultura e a cerealicultura são extensivas.

2. Corvos domésticos (*Corvus splendens*)

Os corvos domésticos estão espalhados por todo o leste da Índia e causam danos a várias culturas.

Danos:

- **Frutos**: São uma grande praga para as plantações **de manga**, **banana** e **lichia**, bicando os frutos e estragando-os.
- **Culturas cerealíferas**: Os corvos domésticos danificam **o arroz**, **o trigo** e **o milho**, especialmente ao debicarem os grãos maduros.
- **Legumes**: Também danificam culturas como **os tomates**, **as beringelas** e **os pimentos**, bicando os produtos que estão a amadurecer.

Regiões afectadas:

- Zonas agrícolas em Bengala Ocidental, Odisha, Bihar e Assam, especialmente perto de aglomerações urbanas.

3. Myna comum (*Acridotheres tristis*)

As mynas comuns são abundantes no leste da Índia e são uma praga nos campos agrícolas e nos pomares.

Danos:

- **Pomares de frutos**: Sabe-se que as Mynas danificam **as litchis**, **as bananas** e **as goiabas** ao bicarem os frutos maduros.
- **Culturas de cereais**: Danificam **o arroz**, **o painço** e **o trigo**, alimentando-se das sementes e reduzindo o rendimento.
- **Produtos hortícolas**: As Mynas também causam danos às culturas hortícolas, como o **brinjal**, **o pimento** e **o tomate**.

Regiões afectadas:

- Predominantemente em Bengala Ocidental, Assam, Bihar e Odisha.

4. Tecelão da baía (*Ploceus philippinus*)

Os tecelões Baya são uma praga agrícola comum nos arrozais do leste da Índia.

Danos:

- **Arroz**: Causam danos significativos às culturas **de arroz**, alimentando-se dos grãos em amadurecimento. As suas grandes colónias de nidificação perto dos campos agravam as perdas de colheitas.
- **Milho painço**: Também danificam as culturas de **painço**, alimentando-se das sementes.

Regiões afectadas:

- Zonas húmidas e arrozais em Bengala Ocidental, Assam e Odisha.

5. Pavão indiano (*Pavo cristatus*)

Embora protegidos pela legislação indiana, os pavões podem causar danos consideráveis às culturas em certas zonas rurais do leste da Índia.

Danos:

- **Culturas cerealíferas**: Os papa-figos danificam **o arroz**, **o trigo**, **a cevada** e **o painço** pisoteando e alimentando-se dos grãos. O seu grande tamanho causa danos adicionais através do pisoteio.
- **Os legumes**: Também danificam culturas como **as batatas**, **os tomates** e **as cebolas**, arrancando as plantas à procura de insectos.

Regiões afectadas:

- Zonas rurais em partes de Bihar e Jharkhand, bem como orlas florestais em Odisha.

6. Corvo da selva (*Corvus macrorhynchos*)

O corvo da selva é maior do que o corvo doméstico e pode ser uma grande praga nas zonas agrícolas.

Danos:

- **Culturas frutícolas**: Atacam as plantações **de manga**, **lichia** e **banana**, bicando os frutos e estragando-os.
- **Culturas de cereais**: Os corvos da selva danificam **o arroz** e **o milho**, alimentando-se de grãos em amadurecimento e de plântulas.
- **Coco**: Nas regiões costeiras de Odisha e Bengala Ocidental, causam danos às plantações **de coco**, bicando os cocos.

Regiões afectadas:

- Zonas agrícolas de Odisha, Bengala Ocidental e partes de Assam.

7. Garças (garças-bois e garças-pequenas)

As garças são frequentemente encontradas perto de campos agrícolas, particularmente em zonas húmidas e arrozais, onde podem causar danos.

Danos:

- **Arrozais**: As garças danificam as culturas de arroz ao arrancarem as plântulas e ao pisarem as plantas enquanto procuram insectos. A sua atividade conduz frequentemente a perdas significativas de plantas jovens de arroz.

Regiões afectadas:

- Zonas húmidas e arrozais em Assam, Bengala Ocidental e Odisha.

8. Pombos (pombo-da-rocha e pombo selvagem)

Os pombos, em particular os pombos-das-rochas e os pombos selvagens, estão a tornar-se cada vez mais um problema nas zonas agrícolas urbanas e periurbanas.

Danos:

- **Culturas de cereais**: Os pombos danificam principalmente o **arroz**, **o trigo**, **o milho** e **o painço**, alimentando-se dos grãos, tanto antes da colheita como durante o armazenamento.
- **Culturas de frutos**: Podem também danificar **as videiras**, alimentando-se das uvas em amadurecimento.

Regiões afectadas:

- Regiões agrícolas urbanas e peri-urbanas em Bengala Ocidental, Bihar e Odisha.

9. Galo silvestre asiático (*Eudynamys scolopaceus*)

O koel asiático, uma ave frugívora, causa danos significativos aos pomares no leste da Índia.

Danos:

- **Pomares de frutos**: Os caracóis causam danos à **manga**, **à lichia**, **à goiaba** e **à papaia**, alimentando-se dos frutos em amadurecimento, reduzindo o seu valor de mercado.

Regiões afectadas:

- Pomares de mangueiras e lichias em Bihar, Bengala Ocidental e Assam.

10. Drongo preto (*Dicrurus macrocercus*)

Os drongos negros, embora sejam principalmente insectívoros, podem causar alguns danos às culturas.

Danos:

- **Culturas cerealíferas**: Os drongos podem ocasionalmente danificar **o arroz**, **o milho** e **o painço** bicando os grãos maduros, especialmente durante a época da colheita.

Regiões afectadas:

- Campos agrícolas em Bengala Ocidental, Bihar e Odisha.

11. Aves aquáticas (patos, gansos e cegonhas)

As aves das zonas húmidas, incluindo patos, gansos e cegonhas, são pragas importantes nos arrozais e nas zonas húmidas do leste da Índia.

Danos:

- **Arroz**: Os patos e os gansos danificam as culturas de arroz, pisoteando as plântulas e comendo os grãos. As cegonhas e outras aves pernaltas podem também perturbar os campos ao alimentarem-se de insectos e peixes.
- **Lagoas de peixe**: Em zonas de criação de peixe como Assam, as aves aquáticas causam danos indirectos ao perturbarem os tanques de peixe e os ecossistemas aquáticos, afectando a produção de peixe.

Regiões afectadas:

- Zonas húmidas e arrozais de Assam, Bengala Ocidental e Odisha.

Conclusão

No leste da Índia, espécies de aves como os periquitos-das-rosas, os corvos domésticos, as minas e as garças causam danos generalizados às culturas e aos frutos. O impacto económico dos danos causados por estas aves é significativo, especialmente nos pomares de fruta e nos campos de arroz. Os agricultores da região enfrentam frequentemente perdas de rendimento, redução do valor de mercado e aumento dos custos das medidas de controlo das aves. A aplicação de estratégias de gestão eficazes, como a dissuasão das aves e a modificação do habitat, é crucial para reduzir o impacto da avifauna na agricultura do leste da Índia.

Danos causados por espécies específicas na Índia Central

Na Índia central, as espécies de aves causam danos consideráveis a uma vasta gama de culturas, levando a perdas económicas significativas para os agricultores. A mistura de áreas florestais, prados e zonas agrícolas da região proporciona habitats para várias espécies de aves que afectam diferentes culturas. Segue-se uma lista das principais espécies de aves responsáveis por danos nas culturas na Índia central e dos tipos de culturas que afectam.

1. Periquito-de-rabo-rosa (*Psittacula krameri*)

Os periquitos-rosados são uma das espécies de aves mais comuns e destrutivas em toda a Índia central, especialmente nos pomares de fruta.

Danos:

- **Culturas de frutos**: Os periquitos são famosos por danificarem **mangas, goiabas, bananas, romãs** e **citrinos** ao bicarem os frutos, o que reduz a qualidade e leva à deterioração.
- **Culturas de cereais**: Também atacam **o trigo, o sorgo** e **o milho**, alimentando-se dos grãos e reduzindo os rendimentos.

Regiões afectadas:

- Estados como Madhya Pradesh e Chhattisgarh, onde predominam os pomares de fruta e os campos de cereais.

2. Corvos domésticos (*Corvus splendens*)

Os corvos domésticos são aves altamente adaptáveis que se desenvolvem em zonas urbanas, rurais e agrícolas da Índia central, causando danos a várias culturas.

Danos:

- **Frutos**: Os corvos danificam as **mangas, as bananas, as romãs** e **as goiabas** bicando os frutos, tornando-os invendáveis.
- **Culturas de cereais**: Também atacam **o trigo**, o **arroz**, **o milho** e **o painço**, bicando os grãos e as plântulas.
- **Produtos hortícolas**: Os corvos danificam **os tomates**, **as beringelas** e **os pimentos**, bicando os produtos que estão a amadurecer.

Regiões afectadas:

- Predominantemente em Madhya Pradesh e Chhattisgarh, especialmente perto de aglomerações urbanas.

3. Myna comum (*Acridotheres tristis*)

As mina comuns são abundantes na Índia central e constituem uma praga significativa nos pomares de fruta e nos campos agrícolas.

Danos:

- **Frutos**: As Mynas causam danos nas **uvas**, **bananas**, **goiabas** e **romãs** ao bicarem os frutos maduros.
- **Culturas de cereais**: Também atacam **o arroz**, **o painço** e **o trigo**, alimentando-se das sementes e reduzindo o rendimento.
- **Produtos hortícolas**: As Mynas também bicam os legumes macios, como **os tomates** e **os brinjais**, causando prejuízos.

Regiões afectadas:

- Zonas agrícolas em Madhya Pradesh, Chhattisgarh e partes de Maharashtra.

4. Tecelão da baía (*Ploceus philippinus*)

Os tecelões Baya, que se alimentam principalmente de cereais, são pragas agrícolas comuns na Índia central.

Danos:

- **Arroz**: Os tecelões de Baya causam danos significativos às culturas **de arroz**, alimentando-se dos grãos em amadurecimento.

- **Milho painço e sorgo**: Também atacam **o milho painço** e **o sorgo**, reduzindo a produção ao alimentarem-se das sementes.

Regiões afectadas:

- Campos de arroz e zonas de cultivo de cereais em Madhya Pradesh e Chhattisgarh.

5. Pavão indiano (*Pavo cristatus*)

O pavão indiano, embora protegido por lei, pode causar danos consideráveis às culturas nas zonas rurais da Índia central.

Danos:

- **Culturas de cereais**: Os pavões danificam **o arroz**, **o trigo**, **o sorgo** e **o milho**, pisoteando as plantas e alimentando-se dos grãos.
- **Legumes**: Também danificam **cebolas**, **batatas** e **tomates** ao arrancarem as plantas enquanto procuram alimentos.

Regiões afectadas:

- Zonas rurais e semi-rurais de Madhya Pradesh, Chhattisgarh e Maharashtra.

6. Corvo da selva (*Corvus macrorhynchos*)

O corvo da selva, um parente maior do corvo doméstico, pode causar danos significativos às culturas na Índia central.

Danos:

- **Culturas de frutos**: Os corvos da selva danificam as **mangas**, **as bananas**, **as romãs** e **as papaias** bicando os frutos que estão a amadurecer.
- **Culturas de cereais**: Também se alimentam de **trigo**, **milho** e **arroz**, reduzindo a produção ao comerem os grãos que estão a amadurecer.

Regiões afectadas:

- Zonas agrícolas em Madhya Pradesh, Chhattisgarh e Maharashtra.

7. Koel indiano (*Eudynamys scolopaceus*)

O koel indiano é uma ave frugívora que causa danos em pomares de fruta na Índia central.

Danos:

- **Pomares de frutas**: Os caracóis alimentam-se de **mangas**, **goiabas**, **romãs** e **papaias**, causando danos nos frutos em maturação e reduzindo a sua comercialização.

Regiões afectadas:

- Zonas frutícolas de Madhya Pradesh e Maharashtra.

8. Zarro preto (*Dicrurus macrocercus*)

Os drongos negros são principalmente insectívoros, mas podem causar alguns danos às culturas.

Danos:

- **Culturas cerealíferas**: Ocasionalmente, os drongos bicam os grãos maduros nos campos de **arroz, trigo** e **painço**, especialmente durante a época da colheita.

Regiões afectadas:

- Zonas agrícolas em Madhya Pradesh e Chhattisgarh.

9. Pombos (pombo-das-rochas e pombo selvagem)

Os pombos, nomeadamente os pombos-das-rochas e os pombos selvagens, causam danos às culturas cerealíferas e frutícolas no centro da Índia.

Danos:

- **Culturas de cereais**: Os pombos alimentam-se de grãos em campos **de trigo**, **milho** e **painço**, reduzindo os rendimentos.
- **Culturas frutícolas**: Também danificam **as uvas** e **as romãs**, alimentando-se dos frutos em amadurecimento e causando prejuízos.

Regiões afectadas:

- Cultura de cereais e pomares de frutos em Maharashtra, Madhya Pradesh e Chhattisgarh.

10. Garças (garças-bois e garças-pequenas)

6

As garças são comuns nas zonas húmidas e nos arrozais, onde se alimentam de insectos mas também causam danos às culturas.

Danos:

- **Arroz**: As garças desenraízam as plântulas de arroz e pisam as plantas jovens enquanto se alimentam, provocando perdas significativas nas colheitas.

Regiões afectadas:

- Campos de arroz e zonas húmidas em Madhya Pradesh e Chhattisgarh.

11. Aves aquáticas (patos, gansos e garças)

Sabe-se que as aves das zonas húmidas, incluindo patos e garças, causam danos nos arrozais.

Danos:

- **Arroz**: Os patos e as garças causam danos nos campos **de arroz**, pisoteando as plantas e alimentando-se das plântulas e dos grãos.

Regiões afectadas:

- Campos de arroz em zonas húmidas de Madhya Pradesh e Chhattisgarh.

Estudos regionais do impacto das aves nas culturas (regiões tropicais e temperadas)

Os estudos regionais sobre o impacto das aves nas culturas podem ser importantes para compreender como as populações de aves afectam a agricultura, especialmente em zonas climáticas diferentes, como as regiões tropicais e temperadas. Eis um resumo da forma como as aves influenciam as culturas nestas regiões:

Regiões tropicais

1. **Controlo de pragas**:
    - As aves desempenham frequentemente um papel crucial na gestão das pragas. Por exemplo, as aves insectívoras podem reduzir as populações de pragas nas culturas, o que pode levar a uma menor utilização de pesticidas e a um melhor rendimento das culturas.

- Estudos demonstraram que certas espécies de aves podem diminuir significativamente o número de insectos nocivos em culturas tropicais como o arroz, o café e os frutos.

2. **Dispersão de sementes**:
   - Muitas aves são dispersoras de sementes, contribuindo para o crescimento das plantas. Nas florestas tropicais, as aves ajudam a manter a diversidade vegetal, o que pode beneficiar indiretamente os ecossistemas agrícolas.
   - Aves como os tucanos e os papagaios dispersam sementes de várias plantas frutíferas, o que pode levar a um ecossistema mais diversificado que apoia as práticas agrícolas.
3. **Danos às culturas**:
   - Por outro lado, algumas espécies de aves podem causar danos significativos às culturas, nomeadamente de frutos e cereais. Espécies como os estorninhos e os papagaios podem alimentar-se das culturas, causando perdas económicas substanciais aos agricultores.
   - Estudos específicos podem avaliar a extensão dos danos causados às culturas em diferentes regiões tropicais, identificando as espécies mais problemáticas.
4. **Conflitos entre humanos e animais selvagens**:
   - A presença de aves pode levar a conflitos entre os agricultores e a vida selvagem. A compreensão desta dinâmica é essencial para o desenvolvimento de estratégias de gestão eficazes.

Regiões temperadas

1. **Ciclo de nutrientes**:
   - As aves contribuem para o ciclo de nutrientes nos sistemas agrícolas temperados. Os seus dejectos podem fornecer nutrientes essenciais ao solo, beneficiando o crescimento das culturas.
   - Estudos efectuados em regiões como a América do Norte e a Europa documentaram o impacto positivo dos excrementos das aves na fertilidade do solo.
2. **Gestão de pragas**:
   - À semelhança das regiões tropicais, as aves das zonas temperadas podem ajudar a controlar as populações de pragas. A investigação indica que a presença de certas espécies de aves pode levar a uma menor densidade de pragas em culturas como o milho, a soja e o trigo.
   - Os agricultores incentivam frequentemente as populações de aves instalando caixas de nidificação ou mantendo habitats que as suportam.
3. **Danos às culturas**:
   - Aves como os corvos, pardais e tentilhões podem causar danos a uma variedade de culturas, incluindo frutos e cereais. Os estudos centram-se

frequentemente no impacto económico destas espécies na agricultura temperada.
    - A monitorização e a gestão das populações de aves são essenciais para reduzir as perdas de colheitas e manter os benefícios ecológicos que proporcionam.
4. **Serviços agro-ecossistémicos**:
    - As aves podem aumentar a biodiversidade nos agro-ecossistemas temperados. Os estudos podem explorar a forma como a promoção de práticas favoráveis às aves, como a preservação de sebes e margens de relva, pode beneficiar tanto a biodiversidade como o rendimento das culturas.
    - A compreensão do equilíbrio entre o papel das aves como pragas e a sua contribuição para os serviços ecossistémicos é crucial para uma agricultura sustentável.

Conclusão

Os estudos regionais do impacto das aves nas culturas permitem compreender as interações complexas entre as aves e a agricultura. Tanto nas regiões tropicais como nas temperadas, a compreensão destas dinâmicas pode ajudar os agricultores a desenvolver práticas sustentáveis que maximizem os benefícios das aves e minimizem os seus impactes negativos. A investigação envolve frequentemente a colaboração entre ecologistas, agrónomos e agricultores locais para criar estratégias de gestão eficazes.

Danos causados pelas aves às culturas cerealíferas

Os danos provocados pelas aves nas culturas de cereais podem ser uma preocupação significativa para os agricultores, uma vez que podem levar a perdas económicas substanciais. Eis uma panorâmica dos tipos de danos causados pelas aves, das culturas afectadas e das estratégias de gestão:

Tipos de danos causados por aves

1. **Danos causados pela alimentação**:
    - As aves podem alimentar-se dos grãos em desenvolvimento, das sementes e da folhagem, o que leva a uma redução da produção. As culturas de cereais mais comuns afectadas incluem:
        - **Trigo**
        - **Arroz**
        - **Cevada**
        - **Aveia**
        - **Milho**
2. **Perda de Germinação**:

- As aves podem consumir as sementes antes de estas germinarem, conduzindo a um mau estabelecimento das culturas. Isto é particularmente problemático durante a fase de plantação, quando as sementes são mais vulneráveis.

3. **Danos na casca e na folha**:
   - As aves podem também danificar as folhas e as cascas das plantas de cereais, o que pode afetar a fotossíntese e a saúde geral das plantas, reduzindo o potencial de rendimento.
4. **Perdas por derrame**:
   - As aves são atraídas pelos grãos derramados durante a colheita ou o armazenamento. Se não for gerida de forma eficaz, esta situação pode levar a uma perda significativa de colheitas.

Espécies comuns de aves envolvidas

- **Corvos e corvos**: São frequentemente vistos como pragas importantes nos campos de cereais, especialmente durante as épocas de plantação e de colheita.
- **Pardais**: Pequenas aves que podem causar danos durante a germinação, alimentando-se das sementes.
- **Estorninhos**: Conhecidos pelo seu comportamento em bando, podem causar danos generalizados num curto espaço de tempo.
- **Pombos**: Estas aves podem alimentar-se de plântulas e de grãos maduros.
- **Tentilhões**: Alguns tentilhões podem danificar as plantas jovens, alimentando-se das pontas e dos grãos das plântulas.

Factores que influenciam os danos causados pelas aves

1. **Tipo de cultura**: As diferentes culturas de cereais têm diferentes susceptibilidades aos danos causados pelas aves. Por exemplo, o arroz pode ser mais vulnerável durante a fase de maturação, enquanto o trigo pode enfrentar ameaças tanto durante a plantação como durante a colheita.
2. **Habitat**: A presença de habitats próximos que proporcionem abrigo e alimento pode atrair aves para os campos agrícolas.
3. **Época**: Os danos são frequentemente mais prevalecentes durante épocas específicas, como as épocas de plantação e de colheita.
4. **Práticas de gestão dos campos**: Os campos mal geridos, com fontes de alimento abundantes ou de fácil acesso, podem registar taxas mais elevadas de danos causados por aves.

Estratégias de gestão

1. **Técnicas para assustar**:

- **Dispositivos visuais para assustar**: Utilizar fita reflectora, espantalhos ou balões para dissuadir as aves.
- **Dispositivos auditivos**: Os dispositivos que produzem ruído ou as chamadas de socorro gravadas das aves podem ajudar a mantê-las afastadas.

2. **Rede**:
   - As redes para aves podem ser eficazes para proteger as culturas da alimentação das aves, em especial no caso dos frutos e dos pequenos cereais.
3. **Gestão do habitat**:
   - A modificação dos habitats próximos para reduzir a disponibilidade de abrigos e alimentos pode ajudar a minimizar as populações de aves perto dos campos.
4. **Tempo**:
   - O ajustamento das épocas de plantação e de colheita pode reduzir a vulnerabilidade durante os picos de atividade das aves.
5. **Repelentes químicos**:
   - Alguns agricultores podem utilizar métodos de aversão ao sabor que tornam os cereais menos palatáveis para as aves.
6. **Abordagens comunitárias**:
   - A coordenação com explorações vizinhas para aplicar coletivamente estratégias de gestão das aves pode ser mais eficaz do que esforços isolados.

Conclusão

Os danos causados pelas aves às culturas de cereais são uma questão complexa, influenciada por vários factores ecológicos e agrícolas. Ao compreender o comportamento das espécies de aves problemáticas e ao implementar estratégias de gestão eficazes, os agricultores podem atenuar as perdas e, ao mesmo tempo, promover a biodiversidade nas paisagens agrícolas. A investigação em curso e as práticas de gestão adaptativa são essenciais para desenvolver soluções sustentáveis para este desafio.

Danos causados pelas aves às culturas frutícolas

Os danos provocados pelas aves nas culturas frutícolas são um problema comum enfrentado pelos agricultores e proprietários de pomares, levando a perdas económicas significativas. Compreender a natureza destes danos, as espécies de aves envolvidas e estratégias de gestão eficazes podem ajudar a mitigar estes impactos. Eis um resumo pormenorizado:

Tipos de danos causados por aves

1. **Descascar e comer fruta**:

- o As aves podem debicar os frutos, danificando a pele e consumindo a polpa. Isto pode levar à perda de comercialização e à redução do rendimento.
- o Os frutos mais frequentemente afectados são
    - **Bagas** (por exemplo, morangos, mirtilos, framboesas)
    - **Frutos de caroço** (por exemplo, cerejas, pêssegos, ameixas)
    - **Citrinos** (por exemplo, laranjas, limões)
    - **Maçãs e peras**

2. **Construção de ninhos**:
    - o Algumas aves podem construir ninhos nas árvores de fruto, provocando danos nos ramos e a potencial perda de frutos.
3. **Reduções de frutificação**:
    - o Os danos nas flores ou nos frutos jovens podem reduzir a frutificação e o rendimento global.
4. **Contaminação**:
    - o Os excrementos das aves podem contaminar os frutos, tornando-os invendáveis e representando potenciais riscos para a saúde.

Espécies comuns de aves envolvidas

- **Estorninhos**: Conhecidos pelo seu comportamento em bando, os estorninhos podem causar danos substanciais às culturas frutícolas, especialmente nos pomares.
- **Robins**: Estas aves são frequentemente atraídas pelas bagas e podem bicar os frutos, causando danos significativos.
- **Pardais**: Aves mais pequenas que podem alimentar-se de frutos jovens e sementes.
- **Corvos e corvos**: Estas aves podem ser problemáticas nos pomares, especialmente durante os períodos de maturação.
- **Os pombos**: Podem causar danos nos frutos e podem contaminá-los com os seus excrementos.

Factores que influenciam os danos causados pelas aves

1. **Tipo de fruto**:
    - o Alguns frutos são mais susceptíveis de serem danificados pelas aves devido ao seu tamanho, cor ou sabor. Por exemplo, os frutos doces e coloridos tendem a atrair mais aves.
2. **Estágio de maturação**:
    - o É mais provável que as aves danifiquem os frutos à medida que estes amadurecem e se tornam mais atractivos.
3. **Localização**:

- Os pomares próximos de habitats naturais (por exemplo, florestas, zonas húmidas) são frequentemente mais susceptíveis a danos provocados por aves devido a populações mais elevadas de aves.

4. **Época**:
   - Os danos são normalmente mais elevados durante as épocas de crescimento e de colheita, quando os frutos estão maduros e disponíveis.

Estratégias de gestão

1. **Técnicas para assustar**:
   - **Dispositivos visuais para assustar**: Utilização de materiais reflectores, espantalhos ou balões para dissuadir as aves.
   - **Dispositivos auditivos**: Os dispositivos que produzem ruído ou os pedidos de socorro gravados podem ajudar a manter as aves afastadas das culturas frutícolas.
2. **Rede**:
   - As redes para pássaros podem ser muito eficazes para proteger os frutos da alimentação das aves, especialmente em pomares e jardins mais pequenos.
3. **Modificação do habitat**:
   - A redução dos habitats naturais próximos ou a criação de barreiras pode tornar a zona menos atractiva para as aves.
4. **Tempo**:
   - A colheita dos frutos logo após o seu amadurecimento pode minimizar a janela de oportunidade para as aves se alimentarem deles.
5. **Repelentes químicos**:
   - Alguns agricultores utilizam métodos de aversão ao sabor que tornam os frutos menos palatáveis para as aves.
6. **Colaboração comunitária**:
   - A colaboração com explorações vizinhas para partilhar estratégias e monitorizar as populações de aves pode melhorar os esforços de gestão.
7. **Controlo**:
   - A monitorização regular das populações de aves e das condições das culturas pode ajudar os agricultores a aplicar medidas de controlo atempadas e eficazes.

Conclusão

Os danos provocados pelas aves na fruta constituem um desafio para os produtores, mas com estratégias de gestão eficazes, podem ser atenuados. A compreensão do comportamento das espécies de aves problemáticas e a aplicação de uma combinação de medidas preventivas podem ajudar a proteger as culturas frutícolas, mantendo o equilíbrio com o ecossistema circundante. A investigação contínua e a adaptação às condições locais são essenciais para desenvolver soluções sustentáveis para este problema.

Danos causados pelas aves às culturas hortícolas

Os danos provocados pelas aves nas culturas hortícolas podem representar um desafio significativo para os agricultores e jardineiros, conduzindo a uma redução dos rendimentos e a perdas económicas. Eis um resumo pormenorizado dos tipos de danos causados por aves, das espécies de aves mais comuns e das estratégias de gestão eficazes.

Tipos de danos causados por aves

1. **Danos causados pela alimentação**:
    - As aves podem alimentar-se de várias partes das plantas hortícolas, incluindo folhas, caules, sementes e frutos. Isto pode levar a um crescimento atrofiado e a uma redução dos rendimentos.
    - Os legumes normalmente afectados incluem:
        - **Verduras de folha** (por exemplo, alface, espinafres, couve)
        - **Frutos** (por exemplo, tomates, pimentos, pepinos)
        - **Vegetais de raiz** (por exemplo, cenouras, beterrabas)
        - **Sementes** (por exemplo, feijão, ervilha, milho)
2. **Perda de sementes e de germinação**:
    - As aves podem consumir as sementes antes de estas germinarem, o que leva a um mau estabelecimento das culturas. Isto é particularmente problemático durante a fase de plantação.
3. **Contaminação de frutas e legumes**:
    - Os excrementos das aves podem contaminar os produtos hortícolas, tornando-os invendáveis e colocando em risco a saúde dos consumidores.
4. **Construção de ninhos**:
    - Algumas aves podem construir ninhos nas hortas, o que pode provocar danos físicos nas plantas e potenciais perdas de colheitas.

Espécies comuns de aves envolvidas

- **Pardais**: Pequenas aves que são frequentemente atraídas por sementes e plântulas, causando danos significativos em jardins e quintas.
- **Estorninhos**: Conhecidos pelo seu comportamento em bando, os estorninhos podem danificar rapidamente as culturas hortícolas, especialmente durante a época de crescimento.
- **Corvos e corvos**: Estas aves são famosas por desenterrarem sementes e alimentarem-se de plantas jovens.

- **Os pombos**: Frequentemente observados nas zonas urbanas, podem danificar os vegetais de folha e contaminar as culturas.
- **Tentilhões**: Certas espécies de tentilhões são atraídas pelas sementes e pelas plântulas jovens, causando danos nas hortas.

Factores que influenciam os danos causados pelas aves

1. **Tipo de legume**:
   - Alguns produtos hortícolas são mais susceptíveis de serem danificados pelas aves, nomeadamente as verduras tenras e as jovens plântulas.
2. **Estágio de maturação**:
   - Quando os legumes amadurecem e se tornam mais atraentes, é mais provável que as aves se alimentem deles.
3. **Localização**:
   - As hortas próximas de habitats naturais ou de zonas urbanas podem registar taxas mais elevadas de danos causados por aves devido ao aumento das populações de aves.
4. **Época**:
   - Os danos são frequentemente mais frequentes durante as épocas de crescimento e de colheita, quando a disponibilidade de alimentos é elevada.

Estratégias de gestão

1. **Técnicas para assustar**:
   - **Dispositivos visuais para assustar**: Utilizar fita reflectora, espantalhos ou chamarizes de aves predadoras para dissuadir as aves.
   - **Dispositivos auditivos**: Os dispositivos que produzem ruído, como os pedidos de socorro gravados ou os alarmes, podem ajudar a manter as aves afastadas.
2. **Rede**:
   - As redes para aves podem ser eficazes para proteger as culturas hortícolas da alimentação das aves, especialmente em pequenas hortas ou em culturas de elevado valor.
3. **Modificação do habitat**:
   - A criação de barreiras ou a modificação dos habitats próximos pode reduzir as populações de aves perto das hortas.
4. **Estratégias de plantação**:
   - A plantação de sementes em filas cobertas com um tecido leve ou a utilização de cloches pode ajudar a protegê-las dos danos causados pelas aves durante a germinação.
5. **Tempo**:

   - A calendarização da plantação e da colheita de produtos hortícolas pode ajudar a reduzir a vulnerabilidade aos danos causados pelas aves.
6. **Repelentes químicos**:
   - Alguns agricultores podem utilizar métodos de aversão ao sabor que tornam as culturas menos apetecíveis para as aves.
7. **Abordagens comunitárias**:
   - A colaboração com hortas ou quintas vizinhas pode conduzir a estratégias mais eficazes de gestão das aves através da partilha de recursos e técnicas.
8. **Controlo**:
   - A observação regular da atividade das aves e das condições das culturas pode ajudar os agricultores a aplicar medidas de controlo atempadas e eficazes.

Conclusão

Os danos causados pelas aves nas culturas hortícolas podem ter um impacto significativo na produtividade e na rentabilidade agrícola. Ao compreender o comportamento das espécies de aves problemáticas e ao empregar estratégias de gestão eficazes, os agricultores e os horticultores podem atenuar as perdas, promovendo simultaneamente um ecossistema equilibrado. A investigação contínua e a adaptação às condições locais são essenciais para desenvolver soluções sustentáveis para este problema.

Capítulo V: Controlo e gestão das aves na agricultura

Métodos tradicionais de controlo das aves

O controlo das aves na agricultura, especialmente para proteger as culturas, baseia-se frequentemente numa variedade de métodos tradicionais. Eis uma análise pormenorizada de alguns métodos tradicionais eficazes de controlo das aves, incluindo espantalhos, redes e dispositivos sonoros:

1. Espantalhos

Os espantalhos são um dos mais antigos e reconhecíveis dissuasores de aves utilizados na agricultura. São concebidos para se assemelharem a figuras humanas ou a outros predadores para afugentar as aves das culturas.

Vantagens:

- **Económicos**: Os espantalhos podem ser feitos a partir de materiais facilmente disponíveis, como roupas velhas, paus e palha, o que os torna baratos de criar.
- **Simples de utilizar**: Uma vez montados, os espantalhos requerem pouca manutenção.

Desvantagens:

- **Eficácia limitada**: Com o tempo, as aves podem habituar-se aos espantalhos, especialmente se estes permanecerem parados e inalterados.
- **Requer movimento**: Para serem eficazes, os espantalhos devem ser movidos regularmente ou concebidos para incluir elementos que se movam, como bandeiras ou materiais reflectores.

Melhorias:

- Incorporar materiais brilhantes ou reflectores (por exemplo, folha de alumínio, fita reflectora) para aumentar a eficácia.
- Utilize espantalhos activados por movimento que se movem ou fazem barulho para dissuadir ainda mais as aves.

2. Redes para aves

As redes para aves são barreiras físicas que protegem as culturas dos danos causados pelas aves, impedindo o acesso às plantas.

7

Vantagens:

- **Altamente eficaz**: As redes podem efetivamente impedir que as aves cheguem aos frutos, legumes e sementes.
- **Duradouras**: Muitas redes para pássaros são feitas de materiais resistentes às intempéries, garantindo uma utilização duradoura.

Desvantagens:

- **Custo**: As redes de proteção das aves de alta qualidade podem ser dispendiosas, sobretudo para campos ou pomares de maiores dimensões.
- **Instalação**: É necessária uma instalação correta para garantir que as aves não fiquem presas ou que a rede não danifique as plantas.

Tipos:

- **Redes de malha leve**: Ideal para pequenos jardins e plantas delicadas, proporcionando proteção sem impedir a luz solar e a água.
- **Redes resistentes**: Adequadas para campos maiores e capazes de resistir a condições climatéricas adversas.

3. Dispositivos de produção de ruído

Os dispositivos de produção de ruído são utilizados para criar sons que afugentam as aves. Estes podem variar entre dispositivos manuais simples e sistemas electrónicos mais complexos.

Vantagens:

- **Variedade de opções**: Inclui vários dispositivos, tais como sinos, apitos, palmas e pedidos de socorro de aves gravados.
- **Impacto imediato**: Os sons podem efetivamente dissuadir as aves de imediato, especialmente quando combinados com outros métodos.

Desvantagens:

- **Duração limitada**: As aves podem habituar-se a um ruído constante, reduzindo a sua eficácia ao longo do tempo.
- **Considerações sobre a vizinhança**: O ruído elevado pode perturbar os residentes próximos, especialmente em zonas urbanas.

Tipos:

- **Dispositivos mecânicos**: Dispositivos que produzem sons quando activados, como sinos de vento ou objectos que batem.
- **Dispositivos electrónicos**: Gravações de chamamentos de predadores ou sinais de socorro de aves que são reproduzidos em intervalos.

Conclusão

Os métodos tradicionais de controlo das aves, como os espantalhos, as redes e os dispositivos sonoros, podem ser eficazes na gestão dos danos causados pelas aves às culturas. Embora tenham as suas limitações, a combinação destes métodos e a sua adaptação regular à evolução das condições pode aumentar a sua eficácia. Os agricultores e jardineiros podem frequentemente obter melhores resultados se utilizarem uma abordagem multifacetada do controlo das aves, integrando estes métodos tradicionais com técnicas e práticas mais modernas de gestão agrícola sustentável.

Técnicas modernas de controlo das aves

As técnicas modernas de controlo de aves utilizam a tecnologia e os avanços científicos para fornecer soluções mais eficazes e eficientes para proteger as culturas dos danos causados pelas aves. Eis um resumo de algumas destas técnicas, incluindo drones, dissuasores laser e repelentes químicos.

1. Drones

Os drones equipados com câmaras ou altifalantes podem ser utilizados para monitorizar as culturas e afugentar as aves. Constituem uma ferramenta versátil tanto para a vigilância como para a dissuasão.

Vantagens:

- **Monitorização em tempo real**: Os drones podem cobrir grandes áreas rapidamente, permitindo aos agricultores monitorizar a atividade das aves e a saúde das culturas em tempo real.
- **Afugentamento direcionado**: Os drones podem sobrevoar áreas específicas para dispersar as aves sem perturbar todo o campo.
- **Redução dos custos de mão de obra**: A automatização das tarefas de monitorização e de assustar pode poupar tempo e mão de obra.

Desvantagens:

- **Custo**: Os drones de alta qualidade podem ser caros, exigindo um investimento inicial e custos de manutenção.
- **Requisitos de competências**: A operação de drones pode exigir formação ou licenciamento, dependendo dos regulamentos locais.
- **Eficácia limitada**: As aves podem habituar-se aos drones se forem utilizados sistematicamente da mesma forma.

Utilização:

- Os drones podem ser equipados com altifalantes para reproduzir pedidos de socorro ou sons de predadores, aumentando a sua eficácia como dissuasores.

2. Dissuasores laser

Os sistemas laser utilizam feixes de luz para afugentar as aves das culturas. Podem ser eficazes para dissuadir as aves sem as prejudicar.

Vantagens:

- **Não invasivo**: Os lasers não prejudicam as aves e podem ser utilizados numa variedade de contextos.
- **Ampla cobertura**: Um único sistema laser pode cobrir grandes áreas, tornando-o adequado para quintas e pomares.
- **Efeito de longa duração**: O aparecimento súbito de uma luz laser em movimento pode efetivamente dissuadir as aves sem as habituar.

Desvantagens:

- **Sensibilidade às condições climatéricas**: A eficácia do laser pode ser reduzida em condições de chuva ou nevoeiro.
- **Custo**: Os sistemas laser de alta qualidade podem ser dispendiosos, exigindo um investimento.
- **Limitações nocturnas**: Os lasers são menos eficazes à noite, quando as aves podem ainda estar presentes.

Utilização:

- Os lasers podem ser utilizados juntamente com outros dissuasores para aumentar a eficácia global, especialmente em zonas com uma pressão significativa de aves.

3. Repelentes químicos

Os repelentes químicos são substâncias que tornam as culturas menos palatáveis ou tóxicas para as aves, dissuadindo-as de se alimentarem das plantas.

Vantagens:

- **Eficaz na dissuasão**: Os repelentes químicos podem ser altamente eficazes na redução dos danos causados às aves, se aplicados corretamente.
- **Aplicação direcionada**: Estas substâncias podem ser aplicadas especificamente em culturas em risco.

Desvantagens:

- **Preocupações ambientais**: Alguns repelentes químicos podem ter impactos ambientais negativos ou afetar espécies não visadas.
- **Questões regulamentares**: Muitos repelentes requerem aprovação regulamentar para utilização na agricultura, o que pode limitar as opções.
- **Frequência de aplicação**: Os repelentes podem precisar de ser reaplicados regularmente, especialmente depois da chuva ou da rega.

Tipos:

- **Repelentes de aversão ao sabor**: Produtos químicos que fazem com que a cultura tenha um sabor desagradável ou causam um ligeiro desconforto, desencorajando as aves de se alimentarem.
- **Repelentes visuais**: Substâncias que criam pistas visuais desagradáveis para as aves.

Conclusão

As técnicas modernas de controlo de aves, como os drones, os dissuasores laser e os repelentes químicos, oferecem soluções inovadoras para gerir os danos causados pelas aves às culturas. Embora estes métodos possam exigir investimentos iniciais e manutenção contínua, podem melhorar significativamente as medidas tradicionais de controlo das aves. Uma abordagem combinada que integre técnicas modernas com métodos tradicionais conduz frequentemente às estratégias mais eficazes e sustentáveis de gestão das aves na agricultura. A investigação em curso e os avanços tecnológicos continuarão a melhorar estes métodos, assegurando que os agricultores possam proteger as suas culturas mantendo o equilíbrio ecológico.

Métodos de controlo biológico

Os métodos de controlo biológico para gerir as populações de aves na agricultura centram-se no aproveitamento dos ecossistemas naturais e das relações entre as espécies. Eis um resumo de duas estratégias-chave de controlo biológico: a utilização de predadores naturais e a gestão do habitat.

1. Predadores naturais

A utilização de predadores naturais envolve o incentivo ou a introdução de espécies que se alimentam de populações de aves problemáticas para ajudar a controlar o seu número.

Vantagens:

- **Equilíbrio ecológico**: A promoção de predadores naturais pode ajudar a manter um ecossistema equilibrado, reduzindo a dependência de controlos químicos e aumentando a biodiversidade.
- **Sustentável**: Este método pode proporcionar um controlo a longo prazo sem necessidade de intervenções repetidas.

Predadores naturais comuns:

- **Raptores**: As aves de rapina, como os falcões, as corujas e os falcões, podem ajudar a controlar as populações de aves mais pequenas que podem danificar as culturas. A sua presença pode também dissuadir outras aves de procurar alimentos.
- **Predadores mamíferos**: Espécies como as raposas e os gatos podem reduzir as populações de aves que nidificam no solo, ajudando indiretamente as culturas ao diminuir a pressão global das aves na zona.

Implementação:

- **Melhoria do habitat**: Criação de habitats que suportem espécies predadoras, como a instalação de caixas de nidificação para aves de rapina ou a preservação de áreas naturais que as atraiam.
- **Falcoaria**: Nalgumas regiões, os agricultores podem contratar falcoeiros para introduzirem aves de rapina treinadas para patrulharem os campos e afugentarem as aves nocivas.

2. Gestão do habitat

A gestão dos habitats envolve a modificação da paisagem agrícola para a tornar menos atractiva para as espécies de aves problemáticas, promovendo simultaneamente condições que favoreçam a vida selvagem benéfica, incluindo os predadores naturais.

Vantagens:

- **Estratégia a longo prazo**: A gestão do habitat pode proporcionar um controlo sustentado das aves, alterando o ambiente a favor das espécies desejadas.
- **Benefícios para a biodiversidade**: A melhoria dos habitats pode suportar uma maior variedade de vida selvagem, contribuindo para a saúde geral do ecossistema.

Estratégias:

1. **Conceção do campo**:
   - A implementação de práticas como a rotação de culturas, a consociação de culturas e a criação de zonas-tampão à volta dos campos pode reduzir a acessibilidade das aves às culturas.
   - A plantação de culturas de cobertura ou a utilização de barreiras naturais (sebes, árvores) podem proporcionar refúgio para espécies benéficas e dissuadir as aves parasitas.
2. **Gestão da água**:
   - A redução da água parada perto das culturas pode limitar os habitats das aves que se desenvolvem em condições de humidade (por exemplo, aves aquáticas) e impedi-las de procurar alimento nos campos.
3. **Calendário e diversidade das culturas**:
   - A calendarização das plantações de modo a escalonar as colheitas pode minimizar a abundância de alimentos disponíveis para as aves. Além disso, a plantação de uma gama diversificada de culturas pode confundir ou dissuadir as aves de se dirigirem a áreas específicas.
4. **Evitar as monoculturas**:
   - As monoculturas podem atrair grandes populações de aves parasitas, enquanto as plantações diversificadas podem fornecer uma fonte de alimento menos previsível, reduzindo os danos causados pelas aves.

Conclusão

Os métodos de controlo biológico, tais como a utilização de predadores naturais e a aplicação de estratégias de gestão dos habitats, oferecem abordagens sustentáveis e respeitadoras do ambiente para a gestão das populações de aves em ambientes agrícolas. Ao promover o equilíbrio ecológico e ao encorajar espécies benéficas, os agricultores podem proteger as suas culturas ao mesmo tempo que melhoram a saúde geral do ecossistema. A integração destes controlos biológicos com outras técnicas de gestão pode conduzir a estratégias mais eficazes de controlo das aves, minimizando as perdas económicas e promovendo a biodiversidade nas paisagens agrícolas.

Considerações éticas e ambientais no controlo das aves

Ao implementar medidas de controlo de aves na agricultura e noutros contextos, é crucial considerar as implicações éticas e ambientais. É essencial equilibrar a necessidade de proteger as culturas e os interesses humanos com a responsabilidade de preservar a vida selvagem e os ecossistemas. Eis algumas considerações fundamentais:

1. Considerações éticas

Conflitos entre humanos e animais selvagens:

- **Respeito pela vida selvagem**: As aves são parte integrante dos ecossistemas e muitas espécies são protegidas por lei. Os métodos éticos de controlo das aves devem minimizar os danos causados a estas espécies e ter em conta o seu papel no ecossistema.
- **Perceção do público**: As comunidades podem ter atitudes diferentes em relação ao controlo das aves. A utilização de métodos humanos e a comunicação transparente das intenções podem ajudar a manter relações positivas com as comunidades locais.

Métodos não letais:

- **Preferência por controlos não letais**: A utilização de métodos não letais, tais como dissuasores, modificações do habitat e incentivo aos predadores naturais, é frequentemente considerada mais ética do que as medidas letais.
- **Tratamento humano**: Se forem consideradas necessárias medidas letais, é essencial assegurar práticas humanas (por exemplo, métodos rápidos e indolores) para reduzir o sofrimento.

Impactos na conservação:

- **Impacto na biodiversidade**: As estratégias de controlo das aves devem ter em conta as implicações mais vastas para a biodiversidade. Matar espécies não visadas ou perturbar as populações locais pode ter consequências imprevistas para a saúde do ecossistema.

2. Considerações ambientais

Equilíbrio do ecossistema:

- **O papel das aves nos ecossistemas**: As aves desempenham papéis vitais como polinizadores, dispersores de sementes e controladores de pragas. A perturbação das suas populações pode levar a desequilíbrios nos ecossistemas e afetar negativamente outras espécies, incluindo plantas e insectos.

- **Efeitos na cadeia alimentar**: A remoção de aves pode ter efeitos em cascata na teia alimentar, afectando a dinâmica dos predadores e das presas no ecossistema.

Utilização química:

- **Pesticidas e repelentes**: A utilização de repelentes químicos ou pesticidas pode ter efeitos nocivos sobre espécies não visadas, incluindo insectos benéficos e outros animais selvagens. É essencial uma análise cuidadosa destes impactos.
- **Contaminação da água e do solo**: Os produtos químicos podem infiltrar-se no solo e nas fontes de água, afectando não só a vida selvagem, mas também a saúde humana e a agricultura.

Alteração do habitat:

- **Destruição do habitat**: A modificação dos habitats para dissuadir as aves pode ter efeitos negativos noutras espécies de vida selvagem. Por exemplo, a limpeza de áreas para fins agrícolas pode levar à perda de habitat para várias espécies.
- **Práticas de sustentabilidade**: A implementação de práticas agrícolas sustentáveis que promovam a biodiversidade pode ser benéfica para as populações de aves e para o ambiente.

3. Abordagens integradas

Abordagens ecológicas:

- **Integrar o controlo das aves com a conservação**: As estratégias de controlo das aves devem estar alinhadas com os objectivos de conservação, promovendo práticas que protejam tanto as culturas como a vida selvagem local.
- **Envolvimento da comunidade**: O envolvimento das comunidades locais nas estratégias de gestão das aves pode promover o apoio a práticas humanas e eficazes.

Monitorização e adaptação:

- **Avaliação contínua**: A monitorização contínua dos impactos das medidas de controlo das aves nas populações de aves e nos ecossistemas pode ajudar a aperfeiçoar as práticas e a garantir a sustentabilidade.
- **Investigação e inovação**: O investimento em investigação para desenvolver e avaliar novas tecnologias e métodos de controlo das aves pode conduzir a soluções mais eficazes e respeitadoras do ambiente.

Conclusão

As considerações éticas e ambientais são fundamentais nas estratégias de controlo das aves. Ao dar prioridade a práticas humanas, minimizando a perturbação ecológica e promovendo a sustentabilidade, os agricultores e gestores de terras podem proteger os seus interesses, respeitando a vida selvagem e o ambiente. Uma abordagem holística que integre a gestão das aves com objectivos de conservação pode conduzir a resultados mais eficazes, éticos e sustentáveis.

Leis e regulamentos relacionados com a proteção e o controlo das aves

As leis e os regulamentos relacionados com a proteção e o controlo das aves variam muito de país para país e de região para região, mas muitos são concebidos para salvaguardar as populações de aves e os seus habitats. Segue-se uma visão geral de algumas das principais leis e regulamentos que regem a proteção e o controlo das aves:

1. Acordos internacionais

Convenção sobre Espécies Migratórias (CMS):

- O objetivo da CMS é conservar as espécies migratórias e os seus habitats, promovendo a cooperação internacional. Muitas espécies de aves, especialmente as migratórias, são protegidas ao abrigo deste acordo.

Aves de interesse para a conservação (BCC):

- Várias organizações internacionais, como a União Internacional para a Conservação da Natureza (UICN), mantêm listas de espécies de aves que estão em risco de extinção. Estas listas servem frequentemente de base às políticas de conservação nacionais e regionais.

Convenção de Ramsar:

- Centrada na conservação das zonas húmidas, esta convenção reconhece a importância dos habitats das zonas húmidas para as aves migratórias e visa proteger estas áreas críticas.

2. Legislação nacional

Lei sobre o Tratado das Aves Migratórias (MBTA) (Estados Unidos):

- Promulgada em 1918, a MBTA protege as aves migratórias e proíbe o abate, a captura ou a venda de aves migratórias sem autorização. A lei abrange a maioria das aves migratórias da América do Norte.

Lei das Espécies Ameaçadas (ESA) (Estados Unidos):

- A ESA protege as espécies ameaçadas e em perigo de extinção, incluindo muitas aves. Proíbe prejudicar, assediar ou matar as espécies incluídas na lista e prevê medidas de proteção do habitat.

Wildlife and Countryside Act (Reino Unido):

- Esta lei prevê a proteção das aves selvagens, incluindo a proibição de matar ou capturar aves, danificar os seus ninhos ou perturbar a sua reprodução. Algumas espécies são designadas como especialmente protegidas.

Lei de proteção do ambiente (vários países):

- Muitos países têm leis de proteção ambiental que incluem disposições para a conservação da vida selvagem, incluindo as aves e os seus habitats.

3. Regulamentos locais e regionais

Leis estaduais e provinciais:

- Em muitos países, a legislação estatal ou provincial prevê protecções adicionais para as espécies de aves. Estas leis podem abranger espécies específicas de interesse, proteção de habitats e gestão de populações de aves.

Regulamentos locais:

- Alguns municípios têm os seus próprios regulamentos em matéria de controlo das aves, nomeadamente nas zonas urbanas. Estes podem incluir restrições à utilização de certos dissuasores, como veneno ou armadilhas.

4. Autorização e licenciamento

Licenças para medidas de controlo:

- Muitas jurisdições exigem autorizações para o controlo das populações de aves, especialmente para as espécies protegidas por lei. Isto pode incluir métodos de armadilhagem, relocalização ou controlo letal.

Autorizações de investigação e monitorização:

- Os investigadores que estudam as populações de aves necessitam frequentemente de autorizações para efetuar estudos, capturar aves ou colocá-las em faixas para fins de investigação.

5. Conformidade e controlo do cumprimento

Agências de controlo:

- Vários organismos governamentais são responsáveis pela aplicação das leis de proteção das aves, incluindo agências de proteção da vida selvagem e agências de proteção ambiental. Podem realizar inspecções, investigar infracções e impor sanções em caso de incumprimento.

Relatórios públicos:

- Os cidadãos são frequentemente encorajados a denunciar às autoridades competentes as violações das leis de proteção das aves, como a caça ilegal ou a destruição do habitat.

Conclusão

A compreensão das leis e regulamentos relacionados com a proteção e controlo das aves é crucial para os agricultores, proprietários de terras e gestores da vida selvagem. Estas leis foram concebidas para conservar as populações de aves e os seus habitats, ao mesmo tempo que fornecem orientações para a gestão das interações entre o homem e a vida selvagem. O cumprimento destes regulamentos não só ajuda a proteger as espécies de aves, como também promove práticas sustentáveis que beneficiam tanto os ecossistemas como as comunidades humanas. Como os regulamentos podem mudar, manter-se informado sobre as leis locais e nacionais é essencial para uma gestão responsável das aves.

8

Capítulo VI: Impacto ecológico da gestão das aves

Equilíbrio entre o controlo dos danos e a manutenção da biodiversidade

Conseguir um equilíbrio entre o controlo dos danos causados pelas aves às culturas e a manutenção da biodiversidade é um desafio crucial para os agricultores, gestores de terras e conservacionistas. É necessário integrar práticas de gestão eficazes com considerações ecológicas para promover práticas agrícolas sustentáveis. Aqui está uma visão geral abrangente de como navegar neste equilíbrio:

1. Compreender a importância da biodiversidade

Serviços ecossistémicos:

- As aves contribuem significativamente para os serviços ecossistémicos, incluindo o controlo de pragas, a polinização e a dispersão de sementes. A manutenção de populações saudáveis de aves apoia estas funções vitais, beneficiando os sistemas agrícolas.

Resiliência da biodiversidade:

- Os ecossistemas diversificados são geralmente mais resistentes a pragas e doenças, o que pode reduzir a dependência de produtos químicos e aumentar a produtividade agrícola a longo prazo.

Valor cultural e estético:

- A biodiversidade acrescenta valor cultural e estético às paisagens, enriquecendo as experiências humanas e promovendo o bem-estar mental.

2. Gestão Integrada das Pragas (IPM)

Abordagem holística:

- A gestão integrada de pragas combina práticas biológicas, culturais, mecânicas e químicas para gerir as populações de pragas de forma sustentável. Ao integrar vários métodos de controlo, os agricultores podem reduzir a dependência de uma única abordagem, minimizando assim o impacto ecológico.

Práticas favoráveis às aves:

- A incorporação de práticas favoráveis às aves no âmbito da gestão integrada das pragas pode ajudar a controlar as pragas e, ao mesmo tempo, apoiar as populações de aves. Por exemplo, a plantação de culturas de cobertura pode proporcionar um habitat para aves benéficas que se alimentam de insectos prejudiciais às culturas.

3. Métodos não letais de controlo das aves

Técnicas de dissuasão e de intimidação:

- A utilização de meios de dissuasão não letais, como dispositivos visuais e auditivos de susto, pode gerir eficazmente as populações de aves sem as prejudicar. A alteração regular destas técnicas pode evitar a habituação das aves.

Gestão do habitat:

- A modificação dos habitats para os tornar menos atractivos para as aves nocivas, melhorando simultaneamente as condições para as espécies benéficas, pode ajudar a manter a biodiversidade. Isto pode incluir a criação de zonas tampão, a preservação de habitats naturais e a plantação de diversas culturas.

4. Promoção dos predadores naturais

Incentivar a biodiversidade:

- A criação de ambientes que suportem predadores naturais de aves nocivas pode ajudar a controlar as populações de aves, promovendo simultaneamente a biodiversidade global. Por exemplo, a instalação de caixas de nidificação para aves de rapina pode atrair estes controladores naturais de pragas.

Melhoria do habitat:

- A preservação e a melhoria dos habitats para as aves de rapina e outros predadores podem criar um ecossistema mais equilibrado, reduzindo a dependência de medidas de controlo prejudiciais.

5. Monitorização e gestão adaptativa

Controlo regular:

- A implementação de programas de monitorização para avaliar as populações de aves, os danos nas culturas e a saúde do ecossistema pode ajudar a informar as decisões de gestão. Isto permite ajustar atempadamente as estratégias de controlo com base nas condições actuais.

Gestão adaptativa:

- A adoção de uma abordagem de gestão adaptativa permite que os agricultores aprendam com as suas experiências, aperfeiçoando as suas estratégias com base no feedback e na alteração das condições ambientais. Esta flexibilidade pode ajudar a manter a biodiversidade e a gerir eficazmente os danos causados às aves.

6. Colaboração e envolvimento da comunidade

Envolvimento das partes interessadas:

- A colaboração com as comunidades locais, organizações de conservação e serviços de extensão agrícola pode promover uma compreensão partilhada da importância da biodiversidade e da gestão eficaz das aves.

Educação e sensibilização:

- A sensibilização para os benefícios ecológicos das aves e para a importância de manter a biodiversidade pode incentivar o apoio da comunidade a práticas sustentáveis.

7. Considerações de carácter jurídico e regulamentar

Conformidade com a legislação:

- A compreensão e o cumprimento das leis locais e nacionais relativas à proteção das aves podem orientar práticas de gestão responsáveis. Isto inclui evitar medidas de controlo prejudiciais que possam violar os regulamentos de proteção da vida selvagem.

Programas de incentivo:

- A participação em programas governamentais ou de ONGs que apoiam a conservação da biodiversidade pode fornecer incentivos financeiros para a implementação de práticas sustentáveis.

Conclusão

O equilíbrio entre o controlo dos danos causados pelas aves e a conservação da biodiversidade exige uma abordagem ponderada e integrada. Utilizando métodos de controlo não letais, promovendo predadores naturais e adoptando práticas de gestão adaptativas, os agricultores podem gerir eficazmente as populações de aves, apoiando simultaneamente a saúde ecológica. A colaboração com as partes interessadas e o cumprimento da regulamentação reforça ainda mais estes esforços, conduzindo a sistemas agrícolas sustentáveis que beneficiam tanto os seres humanos como a vida selvagem. Este equilíbrio é crucial para promover ecossistemas resilientes que possam prosperar a par das actividades agrícolas.

Impacto das técnicas de gestão das aves nos ecossistemas

As técnicas de gestão das aves podem ter um impacto significativo nos ecossistemas, tanto positiva como negativamente. A compreensão destes impactos é crucial para o desenvolvimento de práticas de gestão sustentáveis que protejam as culturas e preservem o equilíbrio ecológico. Eis uma visão geral das várias formas como as técnicas de gestão das aves podem afetar os ecossistemas:

1. Impactos positivos

A. Biodiversidade reforçada

- **Incentivo a espécies benéficas**: As práticas de gestão que promovem habitats para predadores naturais (por exemplo, aves de rapina, corujas) podem levar a um aumento da biodiversidade. Estes predadores podem ajudar a controlar as populações de pragas, reduzindo a necessidade de pesticidas químicos.
- **Melhoria do habitat**: A criação ou preservação de diversos habitats (por exemplo, sebes, zonas húmidas) pode suportar uma variedade de vida selvagem, incluindo aves, insectos e plantas benéficas, melhorando a saúde geral do ecossistema.

B. Controlo de pragas

- **Gestão natural das pragas**: As aves desempenham um papel crucial no controlo das populações de insectos. Ao manter populações saudáveis de aves, os ecossistemas beneficiam dos seus serviços naturais de controlo de pragas, que podem reduzir os danos nas culturas sem depender fortemente de produtos químicos.
- **Equilíbrio nas teias alimentares**: Populações saudáveis de aves contribuem para a estabilidade das teias alimentares, ajudando a regular as populações de insectos e roedores, o que pode levar a culturas e ecossistemas mais saudáveis.

C. Polinização e dispersão de sementes

- **Apoio ao crescimento das plantas**: Algumas aves são importantes polinizadores e dispersores de sementes. A sua presença pode promover a diversidade vegetal e assegurar o crescimento das culturas e da vegetação autóctone, o que é essencial para o funcionamento dos ecossistemas.
- **Reflorestação e recuperação de habitats**: As aves podem ajudar nos esforços de reflorestação, dispersando as sementes por vastas áreas, ajudando a restaurar habitats degradados.

2. Impactos negativos

A. Perturbação do equilíbrio ecológico

- **Impacto nas espécies não visadas**: Certos métodos de controlo das aves, especialmente os letais, podem inadvertidamente prejudicar espécies de aves não visadas ou outros animais selvagens. Isto pode levar a desequilíbrios no ecossistema e ter um impacto negativo na biodiversidade.
- **Perda de habitat**: As práticas agrícolas intensivas destinadas a controlar as populações de aves podem resultar na destruição de habitats, levando à diminuição da biodiversidade e à perda de ecossistemas importantes.

B. Resistência e adaptação

- **Adaptação comportamental**: As aves podem adaptar-se às medidas de controlo ao longo do tempo (por exemplo, habituando-se aos espantalhos ou aos dispositivos sonoros), o que pode reduzir a eficácia destas estratégias e levar a um aumento das populações de aves se estas encontrarem fontes de alimentação alternativas.
- **Desequilíbrio do ecossistema**: A dependência excessiva de métodos de controlo específicos pode levar ao declínio de certas espécies de aves, permitindo a proliferação de outras, o que pode causar novos problemas de pragas.

C. Utilização de produtos químicos e poluição

- **Utilização** de pesticidas: A aplicação de repelentes químicos ou pesticidas para controlar as populações de aves pode levar à contaminação da água e do solo, afectando espécies não visadas, incluindo insectos benéficos e vida aquática.
- **Perturbação da cadeia alimentar**: Os produtos químicos podem acumular-se na cadeia alimentar, colocando em risco as aves, os mamíferos e outros animais selvagens que dependem de fontes alimentares contaminadas.

3. Abordagens de gestão integrada

A. Gestão baseada nos ecossistemas

- **Estratégias holísticas**: A implementação de abordagens de gestão baseadas no ecossistema que considerem a interligação das espécies e dos habitats pode ajudar a mitigar os impactos negativos. Isto implica avaliar a forma como as técnicas de gestão das aves afectam não só as espécies-alvo, mas também todo o ecossistema.
- **Práticas sustentáveis**: O incentivo a práticas agrícolas sustentáveis que incorporem considerações sobre a biodiversidade pode conduzir a ecossistemas mais saudáveis e reduzir a dependência de métodos nocivos de controlo das aves.

B. Monitorização e adaptação

- **Monitorização regular**: A monitorização contínua das populações de aves, da saúde das culturas e da dinâmica dos ecossistemas pode ajudar a informar as decisões de gestão. Estes dados podem orientar estratégias de gestão adaptativas que equilibram o controlo das aves e a conservação da biodiversidade.
- **Envolvimento das partes interessadas**: O envolvimento das comunidades locais, dos agricultores e dos conservacionistas nos processos de tomada de decisões pode promover abordagens de colaboração que dão prioridade à saúde ecológica, ao mesmo tempo que respondem às necessidades agrícolas.

Conclusão

O impacto das técnicas de gestão das aves nos ecossistemas é multifacetado, englobando tanto efeitos positivos como negativos. Embora uma gestão eficaz das aves possa aumentar a biodiversidade, promover o controlo natural das pragas e apoiar a saúde dos ecossistemas, também acarreta riscos que devem ser cuidadosamente geridos. Ao adotar abordagens integradas que dão prioridade ao equilíbrio ecológico e à sustentabilidade, os agricultores e os gestores de terras podem desenvolver estratégias que protejam as culturas, preservando simultaneamente a integridade dos ecossistemas. Este equilíbrio é crucial para promover paisagens agrícolas resilientes que coexistam harmoniosamente com a vida selvagem.

Papel das aves no controlo de pragas em ambientes agrícolas

As aves desempenham um papel vital no controlo de pragas em ambientes agrícolas, contribuindo para a gestão de pragas e aumentando o rendimento das culturas. Os seus comportamentos naturais e funções ecológicas tornam-nas aliadas essenciais para os agricultores que procuram práticas agrícolas sustentáveis e amigas do ambiente. Eis um resumo das várias formas como as aves contribuem para o controlo das pragas na agricultura:

1. Predadores naturais de pragas

A. Controlo dos insectos

- **Hábitos alimentares**: Muitas aves, como as andorinhas, toutinegras e pardais, alimentam-se principalmente de insectos e artrópodes. Consomem grandes quantidades de pragas que podem danificar as culturas, como pulgões, lagartas e escaravelhos.
- **Diversidade da dieta**: As aves têm muitas vezes dietas variadas, o que lhes permite atacar várias espécies de pragas. Por exemplo, as aves insectívoras podem adaptar os seus regimes alimentares em função da disponibilidade de pragas específicas ao longo da estação de crescimento.

B. Controlo de roedores

- **Aves predadoras**: As aves de rapina, como os falcões, as corujas e os peneireiros, desempenham um papel importante no controlo das populações de roedores, incluindo ratazanas e ratos do campo, que podem danificar as culturas e propagar doenças.
- **Preferências de locais de nidificação**: Ao fornecer locais de nidificação para aves de rapina nas terras agrícolas, os agricultores podem encorajar estes predadores naturais, reduzindo assim as populações de roedores e minimizando as perdas de colheitas.

2. Impacto na saúde das culturas

A. Redução da pressão das pragas

- **Controlo natural das pragas**: A presença de aves nos campos agrícolas pode levar a populações mais baixas de pragas, reduzindo a necessidade de pesticidas químicos. Este facto não só ajuda a reduzir os custos para os agricultores, como também minimiza os impactos ambientais associados à utilização de produtos químicos.
- **Monitorização de pragas**: As aves podem servir como indicadores de populações de pragas. Os seus padrões de alimentação e a sua presença podem ajudar os agricultores a monitorizar as pressões das pragas e a tomar decisões informadas sobre a gestão das mesmas.

B. Polinização e dispersão de sementes

- **Polinização**: Algumas aves, como os beija-flores e certas espécies frutívoras, contribuem para a polinização, que é crucial para muitas culturas. O seu papel na facilitação da polinização pode levar a uma melhor frutificação e a maiores rendimentos.

- **Dispersão** de sementes: As aves ajudam na dispersão de sementes, contribuindo para o estabelecimento de novas plantas e para a manutenção da diversidade vegetal, o que pode melhorar a saúde geral dos ecossistemas agrícolas.

3. Benefícios para a biodiversidade

A. Melhorar a saúde do ecossistema

- **Apoio à biodiversidade**: Populações saudáveis de aves contribuem para o equilíbrio do ecossistema, controlando as espécies de pragas e apoiando outros animais selvagens. Esta biodiversidade é essencial para sistemas agrícolas resilientes.
- **Relações simbióticas**: As aves coexistem frequentemente com outros organismos benéficos, como os insectos predadores, criando uma teia alimentar equilibrada que promove o controlo natural das pragas.

4. Estratégias de implementação

A. Gestão do habitat

- **Criação de habitats para aves**: Os agricultores podem melhorar os seus campos para as aves, mantendo ou criando habitats como sebes, faixas de proteção e margens de flores silvestres. Estes habitats fornecem alimentos e locais de nidificação, incentivando as aves a visitar e residir nas zonas agrícolas.
- **Culturas de cobertura**: A plantação de culturas de cobertura pode atrair aves insectívoras, fornecendo-lhes fontes de alimento e beneficiando simultaneamente a saúde do solo e a prevenção da erosão.

B. Gestão Integrada das Pragas (IPM)

- **Combinação de métodos**: A integração de práticas de conservação das aves nas estratégias de GIP permite aos agricultores gerir eficazmente as pragas, promovendo simultaneamente a biodiversidade. Esta abordagem pode incluir a monitorização das populações de aves e dos seus hábitos alimentares para informar as decisões de gestão das pragas.
- **Envolvimento da comunidade**: O envolvimento das comunidades locais e das partes interessadas nos esforços de conservação pode ajudar a criar ambientes favoráveis às aves, reforçando o seu papel no controlo das pragas.

Conclusão

As aves são aliadas inestimáveis na gestão de pragas em ambientes agrícolas. Os seus comportamentos predatórios naturais ajudam a controlar as populações de insectos e roedores, reduzem a necessidade de intervenções químicas e apoiam a saúde e o rendimento geral das culturas. Ao implementar práticas de gestão do habitat e integrar a conservação das aves nas estratégias de gestão das pragas, os agricultores podem aproveitar os benefícios das populações de aves, promovendo simultaneamente a biodiversidade e práticas agrícolas sustentáveis. Reconhecer e realçar o papel das aves no controlo de pragas é essencial para promover ecossistemas agrícolas resilientes que prosperem juntamente com a vida selvagem.

Capítulo VII: Soluções sustentáveis

Abordagens de gestão integrada das pragas (IPM)

As abordagens de gestão integrada das pragas (GIP) que visam especificamente os desafios agrícolas relacionados com as aves centram-se na redução dos danos causados pelas aves às culturas, promovendo simultaneamente o equilíbrio ecológico e a sustentabilidade. As aves podem ser tanto benéficas como prejudiciais em ambientes agrícolas; por conseguinte, as estratégias de GIP para as aves visam gerir eficazmente as suas populações e comportamentos. Eis um resumo das várias abordagens de GIP para as aves:

1. Compreender o comportamento e a ecologia das aves

A. Identificação das espécies

- É crucial identificar as espécies de aves que representam uma ameaça para as culturas. A compreensão dos seus hábitos alimentares, preferências de nidificação e movimentos sazonais pode informar as estratégias de gestão.

B. Monitorização das populações de aves

- A monitorização regular das populações de aves pode ajudar os agricultores a antecipar potenciais danos. Esta monitorização pode envolver observações visuais, monitorização acústica e a utilização de tecnologias como as câmaras remotas.

2. Medidas preventivas

A. Gestão do habitat

- **Criação de áreas de refúgio**: A criação de áreas que proporcionem habitat para espécies de aves benéficas (por exemplo, aves insectívoras) pode ajudar a controlar as populações de pragas, ao mesmo tempo que impede as espécies nocivas de se alimentarem das culturas.
- **Plantação de culturas diversificadas**: O cultivo de uma variedade de culturas pode reduzir a atratividade de áreas específicas para as aves pragas, distribuindo a sua pressão alimentar por diferentes culturas.

B. Práticas culturais

- **Calendário de plantação e colheita**: Ajustar os calendários de plantação e de colheita de modo a evitar os picos de alimentação das aves pode minimizar as perdas de culturas. Por exemplo, plantar culturas quando as aves estão menos activas pode reduzir os danos.

- **Utilização de variedades de maturação precoce**: A seleção de variedades de culturas que amadurecem mais cedo pode ajudar os agricultores a colher antes que as aves possam causar danos significativos.

3. Monitorização e tomada de decisões

A. Limiares económicos

- O estabelecimento de limiares económicos para os danos causados pelas aves ajuda os agricultores a decidir quando devem aplicar medidas de controlo. Trata-se de avaliar o nível de danos que justifica uma intervenção sem causar danos desnecessários às populações de aves.

B. Avaliações no terreno

- A realização de avaliações regulares no terreno para avaliar a atividade das aves e a saúde das culturas pode informar as decisões de gestão. Isto pode envolver a avaliação dos padrões de alimentação das aves e a identificação de pontos críticos de atividade.

4. Estratégias de controlo

A. Dissuasores não letais

- **Dispositivos visuais para assustar**: A utilização de espantalhos, fita reflectora e chamarizes de predadores pode dissuadir as aves de se alimentarem das culturas. Estes dispositivos devem ser deslocados ou mudados regularmente para evitar a habituação.
- **Dispositivos auditivos de afugentamento**: Os dispositivos sonoros, tais como gravações de chamamentos de predadores ou de pedidos de socorro, podem ajudar a afugentar as aves dos campos. A variabilidade dos sons pode aumentar a eficácia.

B. Barreiras físicas

- **Redes**: A utilização de redes para aves pode impedir fisicamente o acesso das aves às culturas. Este método é particularmente eficaz para as culturas de frutas e legumes.
- **Vedação e exclusão**: A instalação de barreiras físicas à volta das áreas de cultivo pode ajudar a manter as aves afastadas de campos específicos ou de áreas de jardim.

C. Modificação do habitat

9

- **Gestão de ervas daninhas**: A gestão das ervas daninhas pode reduzir o coberto e as fontes de alimento para as aves que são pragas, tornando as culturas menos atractivas. Esta gestão pode envolver o corte regular ou a utilização de herbicidas específicos, quando necessário.
- **Evitar as monoculturas**: A plantação de diversas culturas pode reduzir a probabilidade de grandes populações de aves se concentrarem numa única cultura, minimizando os danos.

5. Controlo biológico

A. Promoção dos predadores naturais

- **Incentivar as aves de rapina**: A instalação de caixas de nidificação para aves de rapina pode ajudar a controlar as populações de aves nocivas. As aves predadoras podem também ser eficazes na gestão das populações de roedores e insectos.
- **Criação de habitat para aves benéficas**: A promoção de habitats que atraiam aves insectívoras pode aumentar as suas populações, proporcionando um controlo natural das pragas.

6. Educação e envolvimento da comunidade

A. Programas de formação

- O fornecimento de educação e de recursos aos agricultores sobre estratégias eficazes de gestão das aves pode permitir-lhes aplicar com êxito as práticas de proteção integrada.

B. Colaboração com grupos de conservação

- O envolvimento com organizações locais de conservação pode ajudar os agricultores a adotar as melhores práticas que beneficiam tanto a produção agrícola como os esforços de conservação das aves.

7. Avaliação e adaptação

A. Acompanhamento dos resultados

- É essencial monitorizar continuamente a eficácia das estratégias de gestão das aves. Isto pode envolver a avaliação das populações de aves, dos níveis de danos nas culturas e da saúde geral do ecossistema.

B. Gestão adaptativa

- A adoção de uma abordagem de gestão adaptativa permite aos agricultores ajustar as suas estratégias com base nos resultados observados e na evolução das condições. A flexibilidade é fundamental para alcançar o sucesso a longo prazo na gestão das aves.

Conclusão

As abordagens de Gestão Integrada de Pragas (GIP) para as aves enfatizam práticas sustentáveis que equilibram a proteção das culturas com a conservação da biodiversidade. Através da compreensão do comportamento das aves, da implementação de medidas preventivas, da utilização de estratégias de controlo não letais e da promoção de espécies benéficas, os agricultores podem gerir eficazmente as populações de aves e minimizar os danos nas culturas. A educação, o envolvimento da comunidade e a avaliação contínua são essenciais para aperfeiçoar estas abordagens, assegurando que permanecem eficazes e ecologicamente responsáveis ao longo do tempo. Esta estratégia integrada apoia sistemas agrícolas saudáveis, preservando simultaneamente o papel ecológico das aves.

Práticas agrícolas favoráveis às aves

As práticas agrícolas favoráveis às aves são concebidas para apoiar as populações de aves, mantendo simultaneamente sistemas agrícolas produtivos. Estas práticas promovem a biodiversidade, melhoram a saúde dos ecossistemas e podem mesmo contribuir para o controlo de pragas e para a melhoria do rendimento das culturas. Eis uma visão global das práticas agrícolas favoráveis às aves:

1. Conservação e melhoria do habitat

A. Preservação dos habitats naturais

- **Margens de campos e sebes**: A manutenção ou plantação de sebes e margens de campos proporciona às aves locais de nidificação, fontes de alimentação e abrigo. Estas áreas também podem suportar insectos benéficos que contribuem para o controlo de pragas.
- **Zonas húmidas e zonas ribeirinhas**: A proteção e recuperação de zonas húmidas e zonas ribeirinhas pode aumentar a biodiversidade e proporcionar habitats críticos para muitas espécies de aves, especialmente aves aquáticas e aves limícolas.

B. Criação de habitats para aves

- **Caixas-ninho e plataformas**: A instalação de caixas-ninho para várias espécies de aves pode incentivar a nidificação em áreas agrícolas, proporcionando habitats para aves insectívoras que ajudam a controlar as pragas.
- **Faixas de flores silvestres**: A plantação de faixas de flores silvestres dentro ou à volta dos campos pode atrair polinizadores e aves benéficas, aumentando a biodiversidade e a produtividade agrícola.

2. Práticas de plantação diversificadas

A. Diversidade das culturas

- **Culturas intercalares**: O cultivo conjunto de várias espécies de culturas pode reduzir o risco de surtos de pragas e proporcionar diversos habitats para as aves. Esta prática pode também melhorar a saúde e a resistência do solo.
- **Culturas de cobertura**: A utilização de culturas de cobertura durante a época baixa pode proporcionar alimento e habitat para as aves, melhorando simultaneamente a estrutura do solo e a disponibilidade de nutrientes.

B. Utilização de plantas nativas

- **Plantação de espécies nativas**: A incorporação de plantas autóctones nas paisagens agrícolas pode apoiar as populações de aves locais, fornecendo alimentos e locais de nidificação adequados. As plantas autóctones estão frequentemente melhor adaptadas às condições locais e atraem uma grande variedade de vida selvagem.

3. Gestão sustentável das pragas

A. Gestão Integrada das Pragas (IPM)

- **Promoção de aves benéficas**: A implementação de estratégias de GIP que se concentrem em atrair e proteger as aves que se alimentam de pragas pode reduzir a necessidade de pesticidas químicos, beneficiando tanto as culturas como as populações de aves.
- **Monitorização e gestão adaptativa**: A monitorização regular das populações de aves e dos níveis de pragas pode ajudar os agricultores a tomar decisões informadas sobre a gestão das pragas, equilibrando a proteção das culturas com a conservação da biodiversidade.

4. Gestão da água

A. Fornecimento de fontes de água

- **Banhos de pássaros e elementos aquáticos**: A instalação de elementos de água pouco profundos ou de banheiras para aves pode atrair aves para as zonas agrícolas, proporcionando-lhes oportunidades essenciais para beber e tomar banho.
- **Manutenção de zonas húmidas**: A proteção e recuperação de zonas húmidas e massas de água em terras agrícolas pode aumentar a disponibilidade de habitat para várias espécies de aves, em especial aves migratórias e aquáticas.

5. Envolvimento e educação da comunidade

A. Programas de educação dos agricultores

- **Workshops e formação**: A oferta de programas educativos sobre práticas favoráveis às aves e sobre os benefícios da biodiversidade pode capacitar os agricultores para adoptarem métodos mais sustentáveis.
- **Partilhar histórias de sucesso**: Destacar estudos de caso de práticas agrícolas bem sucedidas e amigas das aves pode encorajar a adoção e inspirar outros na comunidade.

B. Esforços de colaboração

- **Parcerias com organizações de conservação**: A colaboração com ONG e grupos de conservação pode fornecer recursos e conhecimentos para a implementação de práticas favoráveis às aves nas explorações agrícolas.
- **Envolvimento das comunidades locais**: O envolvimento das comunidades locais nos esforços de conservação pode aumentar o apoio a práticas favoráveis às aves e criar um compromisso coletivo com a biodiversidade.

6. Acompanhamento e investigação

A. Monitorização da população de aves

- **Realização de inquéritos**: O levantamento regular das populações de aves nas terras agrícolas pode ajudar os agricultores a compreender os impactos das suas práticas e a adaptarem-se em conformidade.
- **Utilização da ciência cidadã**: Incentivar o envolvimento da comunidade na monitorização das aves pode fornecer dados valiosos e fomentar um sentido de gestão da vida selvagem local.

B. Investigação e inovação

- **Estudo dos serviços dos ecossistemas**: O apoio à investigação que explora os benefícios das aves nos sistemas agrícolas pode reforçar os argumentos a favor da implementação de práticas favoráveis às aves.
- **Adaptação de novas técnicas**: Manter-se informado sobre as mais recentes investigações e inovações em matéria de agricultura sustentável pode ajudar os agricultores a adotar práticas eficazes de proteção das aves.

Conclusão

As práticas agrícolas amigas das aves desempenham um papel crucial no aumento da biodiversidade, na melhoria da saúde dos ecossistemas e na promoção de sistemas agrícolas sustentáveis. Ao integrar a conservação de habitats, práticas de plantação diversificadas, gestão sustentável de pragas e envolvimento da comunidade, os agricultores podem criar ambientes que apoiam as populações de aves, mantendo simultaneamente paisagens agrícolas produtivas. Estas práticas não só beneficiam as aves, como também contribuem para ecossistemas mais saudáveis e para uma maior resiliência dos sistemas agrícolas, conduzindo, em última análise, a uma produção alimentar mais sustentável.

Utilização da agrossilvicultura e da biodiversidade para reduzir os danos causados às aves

A utilização da agro-silvicultura e da biodiversidade como estratégias para reduzir os danos causados pelas aves nos sistemas agrícolas é uma abordagem inovadora que aumenta a resiliência ecológica e promove práticas agrícolas sustentáveis. A agro-silvicultura combina a agricultura com o cultivo de árvores e arbustos, criando um ecossistema diversificado que pode mitigar os danos às culturas relacionados com as aves, ao mesmo tempo que proporciona inúmeros outros benefícios. Eis como estas práticas funcionam em conjunto para minimizar os danos causados pelas aves:

1. Compreender os Sistemas Agroflorestais

A. Componentes da agro-silvicultura

- **Combinações de árvores e culturas**: A agrossilvicultura integra árvores, arbustos e culturas no mesmo sistema de gestão da terra. Isto pode envolver culturas em faixas (culturas entre fileiras de árvores), silvopastorícia (combinação de gado com árvores) ou agricultura florestal (culturas sob um dossel florestal).
- **Coberturas de várias camadas**: A criação de coberturas em várias camadas aumenta a complexidade do habitat, fornecendo abrigo e alimento a uma variedade de espécies de aves e reduzindo as oportunidades de danos nas culturas.

2. Valorização da biodiversidade

A. Criação de habitats

- **Diversidade de espécies vegetais**: A plantação de uma variedade de espécies de árvores e arbustos em sistemas agroflorestais cria habitats diversificados que podem suportar várias populações de aves, incluindo espécies insectívoras que controlam naturalmente as pragas.
- **Locais de nidificação**: Os sistemas agro-florestais podem fornecer amplos locais de nidificação e fontes de alimento para as aves, encorajando-as a alimentarem-se de pragas em vez de culturas.

B. Apoio às aves benéficas

- **Incentivar os predadores naturais**: A promoção de habitats para aves de rapina e aves insectívoras pode ajudar a controlar eficazmente as populações de pragas. Estas aves podem reduzir a necessidade de métodos químicos de controlo de pragas, conduzindo a culturas e ecossistemas mais saudáveis.

3. Reduzir os danos causados pelas aves

A. Alteração do comportamento das aves

- **Distração das culturas**: Ao fornecer fontes alternativas de alimento (por exemplo, frutos, sementes, insectos) em sistemas agroflorestais, as aves podem estar menos inclinadas a alimentar-se de culturas vulneráveis. Isto pode incluir a plantação de árvores de fruto ou arbustos que atraiam as aves para longe das culturas principais.
- **Utilização de factores de dissuasão naturais**: A presença de árvores e arbustos pode perturbar as trajectórias de voo, tornando mais difícil o acesso das aves a determinadas áreas de cultivo. Este facto pode reduzir a probabilidade de as aves se dirigirem a campos específicos.

B. Barreiras físicas

- **As copas das árvores como escudos**: A copa criada pelas árvores pode proteger fisicamente as culturas das aves. Por exemplo, as árvores de fruto podem ajudar a proteger as culturas sensíveis do acesso direto das aves, ao mesmo tempo que permitem a luz solar e a circulação do ar.

4. Benefícios para o solo e o microclima

A. Melhoria da saúde do solo

- **Ciclo de nutrientes**: A integração de árvores em sistemas agrícolas melhora a saúde do solo, melhorando o ciclo de nutrientes, aumentando a matéria orgânica e melhorando a estrutura do solo. Solos mais saudáveis conduzem a plantas mais fortes que podem ser mais resistentes às pressões de pragas.
- **Controlo da erosão**: As árvores e os arbustos ajudam a evitar a erosão do solo e o escoamento da água, criando um ambiente mais estável para o desenvolvimento das culturas.

B. Regulação do microclima

- **Sombra e retenção de humidade**: As árvores proporcionam sombra que pode ajudar a regular a temperatura e os níveis de humidade no solo, criando um microclima mais favorável para as culturas. Isto pode aumentar a resistência das culturas e reduzir o stress, o que pode impedir ainda mais os danos causados pelas aves.

5. Promoção de práticas sustentáveis

A. Gestão Integrada das Pragas (IPM)

- **Combinação de estratégias**: A agrossilvicultura pode complementar as práticas de GIP, criando um ecossistema diversificado que suporta organismos benéficos e ajuda a gerir naturalmente as populações de pragas.
- **Monitorização e adaptação**: Os agricultores podem monitorizar a atividade das aves e as populações de pragas nos sistemas agroflorestais, adaptando as suas estratégias de gestão com base nas interações observadas.

B. Envolvimento e educação da comunidade

- **Abordagens colaborativas**: O envolvimento das comunidades locais na partilha de conhecimentos sobre agroflorestação e biodiversidade pode promover uma abordagem colectiva à gestão das populações de aves e à proteção das culturas.
- **Workshops e formação**: A oferta de formação sobre práticas agroflorestais e os benefícios da biodiversidade pode capacitar os agricultores para adoptarem estas estratégias de forma eficaz.

6. Sustentabilidade a longo prazo

A. Resiliência climática

- **Adaptação às alterações climáticas**: Os sistemas agroflorestais podem aumentar a resistência às alterações climáticas, proporcionando sombra, reduzindo os extremos de temperatura e melhorando a retenção de água, contribuindo para uma produção agrícola mais estável.

B. Viabilidade económica

- **Fluxos de rendimento diversificados**: A agrofloresta pode oferecer vários produtos (por exemplo, frutos, nozes, madeira e culturas), proporcionando aos agricultores fontes de rendimento diversificadas e reduzindo a dependência de culturas individuais vulneráveis a danos causados por aves.

Conclusão

A integração da agro-silvicultura e da biodiversidade nos sistemas agrícolas constitui uma abordagem sustentável e eficaz para reduzir os danos causados às aves. Ao melhorar os habitats, fornecer fontes alternativas de alimentos e criar ecossistemas diversificados, os agricultores podem atenuar as perdas de colheitas relacionadas com as aves, promovendo simultaneamente a saúde ecológica. Os benefícios da agrossilvicultura vão para além da gestão das aves, contribuindo para melhorar a saúde dos solos, a resistência às alterações climáticas e a diversificação dos fluxos de rendimento dos agricultores. A adoção destas práticas promove uma relação harmoniosa entre a agricultura e a vida selvagem, garantindo um futuro sustentável tanto para as culturas como para as populações de aves.

Capítulo VIII: Monitorização e avaliação dos danos causados pelas aves

Técnicas de monitorização da atividade das aves nas terras agrícolas

A monitorização da atividade das aves nas terras agrícolas é essencial para compreender o seu impacto nas culturas, avaliar a biodiversidade e aplicar estratégias de gestão eficazes. Podem ser utilizadas várias técnicas para monitorizar as populações de aves e os seus comportamentos em ambientes agrícolas. Aqui está uma visão global das técnicas mais eficazes:

1. Observação visual

A. Observação direta

- Os agricultores e investigadores podem efetuar observações visuais diretas, percorrendo os campos e anotando as espécies, os comportamentos e os números de aves a várias horas do dia. Este método pode fornecer informações imediatas sobre a atividade das aves e as interações com as culturas.

B. Contagem de pontos

- A criação de pontos de observação designados permite a contagem sistemática de aves num raio específico. Os observadores podem registar as espécies e os números durante um determinado período, ajudando a acompanhar as alterações nas populações e nos comportamentos das aves ao longo do tempo.

2. Levantamentos e cartografia de aves

A. Inquéritos por transectos

- O estabelecimento de transectos nas terras agrícolas permite a amostragem sistemática das populações de aves. Os observadores podem registar todas as aves vistas ou ouvidas ao longo da linha do transecto, fornecendo dados sobre a distribuição e a abundância das espécies.

B. Cartografia dos habitats

- A cartografia dos habitats das aves nas zonas agrícolas pode ajudar a identificar as zonas críticas para a nidificação, a procura de alimento e a alimentação. Esta informação pode ajudar a implementar medidas de conservação e estratégias de gestão específicas.

3. Monitorização acústica

A. Gravadores áudio

- A instalação de gravadores áudio automáticos em terrenos agrícolas permite a monitorização contínua das vocalizações das aves. Esta técnica pode captar uma vasta gama de espécies e os seus comportamentos, especialmente durante as épocas de reprodução, quando a atividade vocal é mais intensa.

B. Software de análise sonora

- A utilização de software de análise sonora pode ajudar a identificar e analisar os chamamentos e cantos das aves a partir de dados gravados, permitindo a catalogação das espécies presentes e a sua abundância relativa.

4. Armadilhas fotográficas

A. Câmaras activadas por movimento

- A instalação de câmaras activadas por movimento em locais estratégicos pode captar imagens ou vídeos de aves em tempo real. Esta técnica é eficaz para monitorizar espécies tímidas ou esquivas, fornecendo dados valiosos sobre os padrões de atividade das aves e as interações com as culturas.

B. Monitorização dos ninhos

- A instalação de câmaras perto dos ninhos de aves pode fornecer informações sobre o sucesso da nidificação, o desenvolvimento das crias e as interações com os predadores sem perturbar as aves.

5. Tecnologias de deteção remota

A. Drones

- Os drones equipados com câmaras podem ser utilizados para fazer levantamentos aéreos de terrenos agrícolas, permitindo a monitorização de populações de aves em grandes áreas. Este método pode fornecer dados em tempo real sobre a distribuição das aves e a utilização do habitat.

B. Imagens de satélite

- A análise de imagens de satélite pode ajudar a avaliar as mudanças no uso do solo e na qualidade do habitat ao longo do tempo, informando indiretamente a monitorização das aves ao indicar potenciais mudanças nas populações de aves devido a alterações do habitat.

6. Telemetria e localização por GPS

A. Telemetria por rádio

- A colocação de radiotransmissores nas aves pode fornecer dados precisos sobre os seus movimentos, comportamento e utilização do habitat. Este método é especialmente útil para estudar as espécies migratórias e as suas interações com as paisagens agrícolas.

B. Localização por GPS

- Os dispositivos GPS podem ser utilizados para monitorizar os padrões de movimento das aves ao longo do tempo, ajudando os investigadores a compreender os seus hábitos de alimentação e preferências de habitat em relação às zonas agrícolas.

7. Ciência cidadã e envolvimento da comunidade

A. Programas comunitários de monitorização de aves

- O envolvimento das comunidades locais e dos agricultores em iniciativas de monitorização de aves pode melhorar os esforços de recolha de dados. Os programas de ciência cidadã incentivam os participantes a observar e a comunicar a atividade das aves, promovendo o envolvimento e a sensibilização para as questões de conservação das aves.

B. Workshops de formação

- A formação de agricultores e membros da comunidade em técnicas de identificação e monitorização de aves pode permitir-lhes contribuir eficazmente para os esforços de recolha e gestão de dados sobre aves.

8. Análise e interpretação de dados

A. Software estatístico

1

- A análise dos dados recolhidos utilizando software estatístico pode ajudar a identificar tendências nas populações de aves, avaliar o impacto das práticas agrícolas e avaliar a eficácia das estratégias de gestão das aves.

B. Mapeamento GIS

- As ferramentas do Sistema de Informação Geográfica (SIG) podem ser utilizadas para visualizar a distribuição das aves, as preferências de habitat e as suas relações com as paisagens agrícolas, facilitando uma melhor tomada de decisões sobre as práticas de gestão.

Conclusão

A monitorização da atividade das aves nas terras agrícolas envolve uma combinação de técnicas de observação, tecnológicas e comunitárias. Ao utilizar estes diversos métodos, os agricultores e investigadores podem recolher dados valiosos sobre as populações de aves, os seus comportamentos e as suas interações com as culturas. Esta informação é crucial para a implementação de estratégias de gestão eficazes que equilibrem a produtividade agrícola com a conservação da biodiversidade, conduzindo, em última análise, a práticas agrícolas mais sustentáveis.

Estimativa das perdas económicas devidas aos danos causados pelas aves

A estimativa das perdas económicas devidas aos danos causados pelas aves na agricultura é crucial para compreender o impacto da atividade aviária no rendimento das culturas e para desenvolver estratégias de gestão eficazes. O processo envolve várias etapas, incluindo a recolha, análise e interpretação de dados. Segue-se uma descrição pormenorizada de como estimar as perdas económicas causadas pelos danos provocados pelas aves:

1. Identificação das culturas afectadas

A. Seleção das culturas

- Determinar que culturas são mais afectadas pelos danos causados pelas aves. Os alvos comuns incluem cereais (por exemplo, milho, arroz), frutos (por exemplo, bagas, uvas) e legumes (por exemplo, alface, tomate).

B. Compreender a vulnerabilidade

1

- Avaliar a vulnerabilidade das diferentes culturas aos danos causados pelas aves com base nas fases de crescimento, na sazonalidade e nos comportamentos específicos de alimentação das aves.

2. Recolha de dados

A. Monitorização da atividade das aves

- Utilizar técnicas como a observação visual, a contagem de pontos e a monitorização acústica para registar a atividade das aves nos campos. Estes dados podem ajudar a correlacionar a presença de aves com os danos causados às culturas.

B. Avaliação dos danos causados às culturas

- Efetuar avaliações regulares no terreno para quantificar os danos. Isto pode incluir:
  - **Inspecções visuais**: Observar e registar a extensão dos danos (por exemplo, frutos em falta, folhas danificadas).
  - **Técnicas de amostragem**: Recolha de amostras aleatórias de diferentes áreas do terreno para estimar os danos globais.

C. Medições de rendimento

- Medir o rendimento das culturas das áreas afectadas antes e depois dos danos causados pelas aves. Estes dados podem ser recolhidos através de:
  - **Registos de colheita**: Manter registos detalhados das quantidades produzidas e comparar as áreas afectadas com as não afectadas.
  - **Dados históricos de rendimento**: Análise de dados históricos de rendimento para estabelecer níveis de produção de base.

3. Estimativa dos prejuízos económicos

A. Cálculo da perda de rendimento

- Determinar a percentagem de perda de rendimento devida aos danos causados pelas aves. Esta pode ser calculada da seguinte forma: Perda de rendimento (%)=(Rendimento antes dos danos-Rendimento depois dos danos-Rendimento antes dos danos)×100\text{Perda de rendimento (\%)} = \left(\frac{\text{Rendimento antes dos danos} - \text{Rendimento depois dos danos}}{\text{Rendimento antes dos danos}} \direita) \times 100Perda de rendimento (%)=(Rendimento antes dos danosRendimento antes dos danos-Rendimento depois dos danos)×100

1

B. Avaliação da perda de rendimento

- Calcule a perda económica multiplicando a perda de rendimento (em toneladas ou unidades) pelo preço de mercado da cultura afetada: Perda económica=Perda de rendimento (toneladas)×Preço de mercado por tonelada\text{Perda económica} = \text{Perda de rendimento (toneladas)} \times \text{Preço de mercado por tonelada}Perda económica=Perda de rendimento (toneladas)×Preço de mercado por tonelada

C. Contabilização dos custos adicionais

- Considerar os custos adicionais incorridos devido a danos causados por aves, tais como:
  - **Medidas de controlo de pragas**: Custos associados à implementação de estratégias de controlo de aves (por exemplo, redes, dispositivos de assustar).
  - **Custos de mão de obra**: Aumento da mão de obra para monitorizar e implementar medidas de controlo.
  - **Redução da qualidade das culturas**: O impacto na qualidade das culturas devido aos danos causados pelas aves pode levar a preços mais baixos, que também devem ser tidos em conta nas estimativas das perdas económicas.

4. Utilização de modelos estatísticos

A. Análise de regressão

- Utilizar modelos de regressão para analisar a relação entre a atividade das aves e o rendimento das culturas. Isto pode ajudar a prever perdas potenciais sob diferentes densidades populacionais de aves.

B. Sistemas de Informação Geográfica (SIG)

- Utilizar ferramentas SIG para analisar dados espaciais, mapeando incidentes de danos causados por aves e correlacionando-os com tipos de culturas e áreas específicas. Isto pode ajudar a prever futuras perdas económicas com base em dados históricos.

5. Estudos longitudinais

A. Recolha de dados plurianuais

- Realizar estudos a longo prazo para recolher dados sobre os danos causados pelas aves e o seu impacto económico ao longo de várias épocas de cultivo. Isto pode ajudar a compreender as tendências e variações das perdas.

B. Factores climáticos e ambientais

- Avaliar a influência do clima e dos factores ambientais na atividade das aves e nos danos causados às culturas. As alterações nos padrões meteorológicos, por exemplo, podem afetar as populações de aves e os seus comportamentos alimentares.

6. Estudos de casos e investigação

A. Análise dos estudos existentes

- Rever a investigação existente e os estudos de caso sobre os danos causados pelas aves na agricultura. Isto pode fornecer informações sobre metodologias e estimativas de perdas económicas em contextos agrícolas semelhantes.

B. Colaboração com economistas agrícolas

- Estabelecer parcerias com economistas agrícolas para aperfeiçoar as metodologias de estimativa de perdas e aumentar a solidez das análises económicas.

7. Implicações políticas e de gestão

A. Análise custo-benefício

- Realizar uma análise custo-benefício para avaliar a eficácia das medidas de controlo das aves. Esta análise pode ajudar a justificar os investimentos em estratégias de gestão com base nos rendimentos económicos esperados.

B. Informar as decisões políticas

- Utilizar as perdas económicas estimadas para defender políticas e financiamentos que apoiem a investigação e a aplicação de estratégias eficazes de gestão das aves.

Conclusão

A estimativa das perdas económicas devidas aos danos causados pelas aves envolve uma abordagem sistemática que combina a recolha de dados, a avaliação do rendimento e a análise económica. Ao quantificar com precisão o impacto das aves no rendimento das culturas, os

1

agricultores e os decisores políticos podem tomar decisões informadas sobre as estratégias de gestão das aves e a afetação de recursos. A compreensão destas perdas é essencial para o desenvolvimento de práticas agrícolas sustentáveis que equilibrem a proteção das culturas com a conservação da biodiversidade.

1

Capítulo IX: Desafios futuros e direcções de investigação

Impacto das alterações climáticas na migração das aves e nos danos causados às culturas

O impacto das alterações climáticas na migração das aves e nos danos causados às culturas é multifacetado, afectando os comportamentos das aves, as práticas agrícolas e os ecossistemas em que existem aves e culturas. Eis um resumo de como as alterações climáticas influenciam os padrões de migração das aves e, consequentemente, o potencial de danos nas culturas:

1. Alterações no calendário de migração

A. Mudanças fenológicas

- **Chegadas e partidas mais precoces**: As alterações climáticas têm levado muitas espécies de aves a migrar mais cedo na primavera e mais tarde no outono. Temperaturas mais quentes podem levar a épocas de reprodução mais precoces, o que pode resultar em desfasamentos entre o momento da migração das aves e a disponibilidade de culturas.
- **Impactos na reprodução**: As alterações no período de migração podem afetar o sucesso reprodutivo, com algumas aves a chegarem demasiado cedo ou demasiado tarde para tirarem partido das melhores fontes de alimento.

B. Mudanças de gama

- **Expansão da área de distribuição**: Muitas espécies de aves estão a deslocar as suas áreas de distribuição para norte ou para altitudes mais elevadas em resposta à alteração das temperaturas. Isto pode levar a uma maior concorrência com as espécies locais e a interações potencialmente mais frequentes com as zonas agrícolas.
- **Novas rotas migratórias**: As aves podem adotar novas rotas migratórias que as coloquem em contacto com regiões agrícolas anteriormente não afectadas, aumentando a probabilidade de danos nas culturas.

2. Alteração dos hábitos alimentares

A. Mudanças na dieta

- **Acesso a fontes de alimento**: As alterações na disponibilidade de insectos e outras fontes de alimento devido às mudanças de temperatura podem levar as aves a procurar alimento nos campos agrícolas com maior frequência, aumentando potencialmente os danos nas culturas.

1

- **Impacto nas aves insectívoras**: Como as populações de insectos flutuam com as alterações climáticas, as aves que dependem de insectos podem ser forçadas a procurar alimento nos campos de cultivo, levando a um aumento das interações com os sistemas agrícolas.

B. Preferências de habitat

- **Mudanças na utilização do habitat**: As aves podem alterar as suas preferências de habitat, procurando zonas com condições mais favoráveis. Os campos agrícolas que fornecem alimento e abrigo podem tornar-se mais atractivos, levando a uma maior presença de aves.

3. Aumento das populações de pragas

A. Dinâmica das pragas

- **Temperaturas mais quentes favorecem as pragas**: As alterações climáticas podem levar ao aumento das populações de pragas (por exemplo, insectos, roedores) nas zonas agrícolas, o que pode atrair aves que se alimentam dessas pragas. Isto pode criar um cenário em que as aves são atraídas para as culturas não só pelas culturas em si, mas também pela abundância de pragas presentes.
- **Potencial de aumento dos danos**: Com o aumento das populações de aves e de pragas, a probabilidade de danos nas culturas pode aumentar, exigindo estratégias mais intensivas de gestão das pragas.

4. Eventos climáticos extremos

A. Perturbação do habitat

- **Inundações e tempestades**: O aumento da frequência e da gravidade de fenómenos meteorológicos extremos pode perturbar os habitats e os padrões de migração das aves. As aves podem procurar refúgio em zonas agrícolas, aumentando o potencial de danos nas culturas.
- **Impacto nos locais de reprodução**: As condições climatéricas extremas podem destruir os locais de nidificação e as fontes de alimentação, levando as aves a deslocarem-se para os campos agrícolas em busca de alimento.

B. Vulnerabilidade das culturas

- **Danos nas culturas**: Os fenómenos meteorológicos graves podem danificar as culturas, tornando-as mais susceptíveis à alimentação das aves. Por exemplo, as

1

tempestades que provocam a queda prematura de frutos ou cereais podem atrair aves para os campos.

5. Estratégias de adaptação

A. Ajustamentos de gestão das culturas

- **Alteração das datas de plantação**: Os agricultores podem ter de ajustar os calendários de plantação e de colheita para ter em conta as alterações nos padrões de migração das aves e a altura em que ocorrem os surtos de pragas.
- **Estratégias de plantação diversificadas**: A implementação de diversas rotações de culturas ou de culturas intercalares pode criar um ambiente menos previsível para as aves, reduzindo potencialmente os danos nas culturas.

B. Gestão do habitat

- **Criação de habitats para aves**: Ao incorporar práticas favoráveis às aves, como a manutenção de sebes e a plantação de vegetação nativa, os agricultores podem fornecer fontes alternativas de alimento e locais de nidificação longe das culturas, reduzindo potencialmente os danos.

6. Investigação e acompanhamento

A. Estudos a longo prazo

- **Monitorização das alterações**: A realização de estudos a longo prazo sobre a migração das aves e os impactos agrícolas pode fornecer dados valiosos para compreender como as alterações climáticas influenciam esta dinâmica.
- **Investigação em colaboração**: A colaboração com ornitólogos, ecologistas e cientistas agrícolas pode facilitar o desenvolvimento de estratégias de gestão integrada para fazer face aos impactos das alterações climáticas nas populações de aves e na saúde das culturas.

B. Desenvolvimento de políticas

- **Tomada de decisões informada**: Os decisores políticos podem utilizar os resultados da investigação para desenvolver diretrizes e sistemas de apoio para os agricultores que enfrentam desafios relacionados com os danos causados pelas aves e as alterações climáticas.

Conclusão

1

O impacto das alterações climáticas na migração das aves e nos danos causados às culturas coloca desafios significativos aos sistemas agrícolas e à conservação da biodiversidade. As alterações nos padrões de migração, nos hábitos alimentares e na dinâmica das populações de pragas contribuem para aumentar os riscos de danos nas culturas. A adaptação das práticas agrícolas, a melhoria da gestão dos habitats e a realização de investigação aprofundada são estratégias essenciais para atenuar estes impactos e promover uma agricultura sustentável num clima em mudança. O equilíbrio entre as necessidades da produção agrícola e a conservação das aves será crucial para manter a biodiversidade e a saúde dos ecossistemas face às alterações climáticas.

Tecnologias emergentes no controlo das aves

As tecnologias emergentes no controlo de aves estão a evoluir rapidamente, impulsionadas pela necessidade de métodos eficazes, sustentáveis e humanos para gerir as populações de aves e mitigar os danos nas culturas, estruturas e outros bens. Eis uma visão geral de algumas das tecnologias mais inovadoras que estão a ser desenvolvidas e implementadas para o controlo de aves:

1. Drones e vigilância aérea

A. Monitorização das populações de aves

- Os drones equipados com câmaras podem fornecer vigilância aérea dos campos agrícolas, ajudando a monitorizar a atividade, os movimentos e as densidades populacionais das aves. Estes dados podem informar estratégias de gestão e ajudar os agricultores a compreender quando e onde a atividade das aves é mais problemática.

B. Técnicas de cicatrização

- Os drones podem ser programados para sobrevoar os campos e emitir sons ou estímulos visuais (por exemplo, luzes ou chamarizes) para afugentar as aves das culturas. Este método é menos trabalhoso e pode cobrir grandes áreas de forma mais eficaz do que as tácticas tradicionais de afugentamento.

2. Dissuasores laser

A. Tecnologia de feixes laser

- Os sistemas laser utilizam feixes de luz focados para dissuadir as aves de áreas específicas. As luzes brilhantes podem criar uma experiência desconfortável para as

1

aves sem causar danos, tornando-o um método eficaz para proteger as culturas e as instalações.

B. Sistemas automatizados

- Os dissuasores laser podem ser integrados em sistemas automatizados que seguem os movimentos das aves e activam os lasers quando estas entram numa zona predefinida, assegurando um controlo orientado e eficiente das aves.

3. Dissuasores acústicos

A. Emissores de som

- Os sistemas de som avançados podem emitir pedidos de socorro ou sons de predadores para afugentar as aves. Estes sistemas podem ser programados para mudar frequentemente de som, evitando que as aves se habituem a ruídos específicos.

B. Altifalantes direcionais

- Os altifalantes direcionais podem focar o som em áreas específicas, reduzindo a poluição sonora e visando apenas as áreas onde é necessário controlar as aves.

4. Repelentes químicos

A. Repelentes não tóxicos

- Os novos repelentes químicos concebidos para não serem tóxicos para as aves e outros animais selvagens podem desencorajar a alimentação nas culturas. Estes produtos podem ser aplicados nas culturas para as tornar menos apetecíveis para as aves sem as prejudicar.

B. Abordagens bioquímicas

- Os investigadores estão a explorar repelentes bioquímicos que imitam compostos naturais para dissuadir as aves de culturas específicas. Estes métodos centram-se na alteração do sabor ou do cheiro das culturas para desencorajar a alimentação.

5. Tecnologias de modificação do habitat

A. Vedações inteligentes

- Sistemas avançados de vedação equipados com sensores podem detetar movimentos de aves e ativar mecanismos de dissuasão (por exemplo, sons ou sinais visuais) quando as aves se aproximam de áreas protegidas. Esta tecnologia pode ajudar a gerir o acesso às culturas sem barreiras físicas extensas.

B. Sistemas modulares de dissuasão

- As modificações do habitat podem incluir sistemas modulares que se adaptam ao comportamento das aves. Por exemplo, as redes ou barreiras móveis podem ser reposicionadas em função da atividade das aves, garantindo flexibilidade nas medidas de controlo das aves.

6. Soluções de agricultura inteligente

A. Sensores IoT

- Os sensores da Internet das Coisas (IoT) podem ser instalados em campos agrícolas para monitorizar as condições ambientais, a atividade das aves e a saúde das culturas. Os dados destes sensores podem informar os agricultores sobre quando e onde implementar medidas de controlo das aves.

B. Análise de dados

- Utilizando a análise de grandes volumes de dados e os algoritmos de aprendizagem automática, os agricultores podem prever os padrões de atividade das aves com base nas condições meteorológicas, nas fases de crescimento das culturas e nos dados históricos, permitindo uma gestão proactiva.

7. Abordagens de gestão integrada das pragas (IPM)

A. Gestão baseada nos ecossistemas

- As novas tecnologias podem ajudar a integrar a gestão das aves em estratégias mais amplas de GIP, tendo em conta o papel das aves no controlo das pragas e na manutenção do equilíbrio dos ecossistemas. Por exemplo, as tecnologias podem ajudar a identificar as espécies de aves que são benéficas para o controlo de pragas e promover a sua presença enquanto gerem as espécies de aves nocivas.

B. Sistemas de apoio à decisão

- Os sistemas de apoio à decisão podem ajudar os agricultores a fazer escolhas informadas sobre os métodos de controlo das aves com base em dados em tempo real, padrões históricos e factores ambientais, conduzindo a uma gestão mais sustentável e eficaz das aves.

8. Tecnologias de envolvimento do público e de educação

A. Aplicações móveis

- As aplicações que fornecem relatórios de atividade das aves em tempo real e recomendações de gestão podem capacitar os agricultores a implementar medidas eficazes de controlo das aves. Estas plataformas podem também facilitar o envolvimento da comunidade nos esforços de monitorização e conservação das aves.

B. Bases de dados e recursos em linha

- O desenvolvimento de bases de dados em linha que compilam a investigação sobre tecnologias eficazes de controlo das aves e as melhores práticas pode ajudar os agricultores a aceder às informações e ferramentas mais recentes para a gestão das populações de aves.

Conclusão

As tecnologias emergentes no controlo das aves representam um avanço significativo na gestão das populações de aves em ambientes agrícolas e urbanos. Ao integrar soluções inovadoras como drones, dissuasores laser, sistemas acústicos e práticas agrícolas inteligentes, os agricultores e gestores de terras podem mitigar eficazmente os danos causados às aves, promovendo simultaneamente a sustentabilidade e a biodiversidade. À medida que a investigação e o desenvolvimento prosseguem neste domínio, estas tecnologias prometem criar estratégias de gestão de aves mais eficazes, humanas e ecológicas.

Lacunas de investigação na compreensão das interações entre aves e culturas

A compreensão das interações entre aves e culturas é crucial para o desenvolvimento de estratégias de gestão eficazes que equilibrem a produtividade agrícola com a conservação da biodiversidade. Apesar dos avanços significativos na investigação, existem ainda várias lacunas que precisam de ser colmatadas para melhorar o nosso conhecimento nesta área. Eis algumas das principais lacunas de investigação relacionadas com as interações entre aves e culturas:

1. Comportamento e impacto específicos da espécie

A. Estudos comportamentais pormenorizados

- A investigação sobre os comportamentos específicos das diferentes espécies de aves no que respeita aos seus hábitos alimentares, estratégias de forrageamento e preferências por determinadas culturas é frequentemente limitada. São necessários estudos pormenorizados para compreender como estes comportamentos variam consoante as espécies e as regiões.

B. Avaliação do impacto em diversas culturas

- Muitos estudos centram-se numa gama limitada de culturas, como os cereais e os frutos. É necessária uma investigação mais exaustiva para avaliar os impactos das aves numa maior variedade de culturas, incluindo produtos hortícolas e frutos de casca rija, a fim de compreender a extensão total dos danos causados pelas aves em diversos sistemas agrícolas.

2. Dinâmica Sazonal e Temporal

A. Variação sazonal

- É necessária mais investigação sobre a forma como as mudanças sazonais afectam as interações entre as aves e as culturas. Os estudos devem centrar-se na compreensão dos padrões de migração, das épocas de reprodução e da forma como estes factores influenciam o comportamento das aves e os danos causados às culturas ao longo do ano.

B. Padrões de atividade diária

- A compreensão dos padrões de atividade diária das aves (por exemplo, horários de alimentação, duração do forrageamento) em relação aos ciclos de colheita pode ajudar os agricultores a aplicar estratégias de gestão orientadas para a redução dos danos.

3. Influências do ambiente e do habitat

A. Influência da composição paisagística

- É necessária investigação para explorar a forma como as diferentes caraterísticas da paisagem (por exemplo, fragmentação do habitat, presença de sebes e fontes de água) afectam as populações de aves e as suas interações com as culturas.

B. Efeitos das alterações climáticas

- A investigação da forma como as alterações climáticas influenciam a migração das aves, o sucesso reprodutivo e as interações com as práticas agrícolas é essencial para o desenvolvimento de estratégias de gestão adaptativas.

4. Serviços ecossistémicos e controlo de pragas

A. Papel na gestão das pragas

- Embora se saiba que as aves controlam as populações de pragas, é necessária mais investigação para quantificar o seu papel na gestão das pragas nos sistemas agrícolas. Os estudos devem centrar-se nas espécies específicas de pragas controladas pelas aves e nos benefícios económicos deste serviço natural.

B. Interação com outros animais selvagens

- A compreensão da forma como as aves interagem com outros animais selvagens (por exemplo, insectos, mamíferos) em ambientes agrícolas pode fornecer informações sobre a dinâmica dos ecossistemas e o impacto global na saúde das culturas.

5. Estratégias de atenuação e eficácia

A. Avaliação das medidas de controlo

- Faltam estudos exaustivos que avaliem a eficácia de várias medidas de controlo das aves (por exemplo, técnicas tradicionais e modernas). A investigação deve centrar-se na compreensão das estratégias mais eficazes em diferentes contextos e na forma como estas afectam as populações de aves.

B. Integração da gestão das aves na agricultura

- É necessária mais investigação sobre a forma de integrar eficazmente as práticas de gestão das aves nos sistemas agrícolas existentes. Isto inclui compreender as percepções dos agricultores, os obstáculos à implementação e as implicações socioeconómicas das medidas de controlo das aves.

6. Dimensões socioeconómicas

A. Avaliações de impacto económico

- É crucial quantificar as perdas económicas devidas aos danos causados pelas aves e a relação custo-eficácia das várias estratégias de gestão. São necessários mais estudos para fornecer avaliações económicas exaustivas que considerem tanto as perdas diretas como os potenciais benefícios do controlo de pragas.

B. Conhecimentos e atitudes dos agricultores

- A investigação deve explorar os conhecimentos, as atitudes e as percepções dos agricultores em relação às aves e às estratégias de gestão das aves. A compreensão destes factores pode ajudar a conceber programas de comunicação e educação mais eficazes para promover práticas favoráveis às aves.

7. Aplicações tecnológicas

A. Utilização da tecnologia no controlo

- Há uma lacuna na investigação sobre a aplicação de tecnologias emergentes (por exemplo, drones, deteção remota, IoT) para monitorizar as populações de aves e as interações entre culturas. Os estudos devem centrar-se no desenvolvimento e na avaliação destas tecnologias para utilização prática na agricultura.

B. Análise e modelação de dados

- São necessários modelos melhorados que prevejam as interações entre aves e culturas em diferentes cenários ambientais e de gestão. A investigação deve explorar a utilização da aprendizagem automática e da análise de grandes volumes de dados para melhorar as capacidades de previsão.

Conclusão

A resolução destas lacunas de investigação é essencial para o desenvolvimento de uma compreensão abrangente das interações entre aves e culturas e para a implementação de estratégias de gestão eficazes. Ao preencher estas lacunas, os investigadores podem fornecer informações valiosas que beneficiam tanto a produtividade agrícola como a conservação da biodiversidade, conduzindo, em última análise, a práticas agrícolas mais sustentáveis. A colaboração entre ecologistas, agrónomos e agricultores é crucial para promover uma investigação que seja cientificamente robusta e aplicável na prática em contextos reais.

Capítulo X: Visitas de campo/Projectos de estudo de caso

Avaliações práticas em explorações agrícolas locais afectadas por danos causados por aves

Os danos causados pelas aves são um problema significativo para as explorações agrícolas locais, especialmente as que cultivam culturas como cereais, frutas e legumes. A avaliação prática do impacto dos danos causados pelas aves pode ajudar os agricultores a compreender melhor a dimensão do problema e a desenvolver estratégias de mitigação. Seguem-se vários passos para efetuar uma avaliação prática nas explorações agrícolas locais:

1. Identificar as espécies de aves envolvidas

- **Inspeção**: Realizar inquéritos regulares para identificar as espécies de aves que estão a causar danos. Isto pode ser feito através de observação direta ou utilizando câmaras remotas.
- **Consulta**: Colaborar com especialistas locais em vida selvagem ou ornitólogos para identificar corretamente as espécies de aves e compreender o seu comportamento.

2. Avaliar a extensão dos danos

- **Amostragem de campos**: Selecionar aleatoriamente várias secções dos campos ou pomares afectados e contar o número de culturas danificadas por metro quadrado.
- **Estimativa de perdas de culturas**: Calcular a percentagem de culturas danificadas em relação ao número total de culturas. Isto pode dar uma ideia de quanto rendimento está a ser perdido devido à atividade das aves.
- **Período de danos**: Avaliar se os danos causados pelas aves estão a ocorrer em alturas específicas (por exemplo, durante as épocas de plantação, maturação ou colheita).

3. Acompanhar as perdas económicas

- **Comparação do rendimento**: Comparar o rendimento de secções danificadas da exploração com secções não danificadas para determinar a diferença.
- **Perda monetária**: Com base nos preços das culturas, estimar a perda económica resultante dos danos causados pelas aves. Isto pode ajudar os agricultores a justificar os investimentos em métodos de dissuasão das aves.

4. Avaliar as actuais técnicas de atenuação

- **Métodos existentes**: Determinar quais os meios de dissuasão que a exploração agrícola utiliza, caso existam, tais como espantalhos, redes para aves ou dispositivos acústicos.
- **Eficácia**: Observar a eficácia destas técnicas, comparando a atividade das aves e os danos causados às culturas nas zonas onde são utilizados dissuasores e nas zonas onde não são utilizados.

5. Observação comportamental de aves

- **Hábitos de alimentação**: Registar a parte das culturas que as aves procuram (por exemplo, sementes, frutos, rebentos).
- **Padrões de atividade**: Identificar as horas de maior atividade das aves, como o início da manhã ou o fim da tarde, para planear esforços de dissuasão mais direcionados.

6. Colaboração comunitária

- **Quintas vizinhas**: Colabore com outras explorações agrícolas locais para obter uma visão mais ampla dos danos causados pelas aves na zona. As aves podem deslocar-se entre explorações e os esforços coordenados podem ser mais eficazes.

7. Utilizar a tecnologia

- **Drones e câmaras**: Utilizar drones ou câmaras fixas para seguir o movimento das aves na exploração, especialmente em campos grandes onde a observação manual é difícil.
- **Recolha de dados**: Recolher e analisar dados durante uma época para compreender padrões e planear estratégias de atenuação para épocas futuras.

8. Relatar e documentar as conclusões

- **Relatórios sazonais**: Crie um relatório sazonal detalhando a extensão dos danos causados às aves, as espécies envolvidas, as tentativas de mitigação e as perdas económicas.
- **Partilhar com as autoridades agrícolas**: A apresentação destes relatórios aos organismos agrícolas locais pode ajudar a obter ajuda financeira ou apoio técnico para gerir os danos causados pelas aves.

Ao efetuar estas avaliações práticas, os agricultores podem compreender melhor de que forma os danos causados pelas aves afectam as suas culturas, o que, por sua vez, lhes permite implementar estratégias de mitigação mais direcionadas e eficazes.

Entrevistas com agricultores e partes interessadas

Apresenta-se aqui um modelo de questionário para avaliar os danos causados pelas aves nas explorações agrícolas locais. Este pode ser utilizado para recolher informações pormenorizadas junto dos proprietários, trabalhadores ou peritos agrícolas das explorações agrícolas.

Questionário sobre os danos causados pelas aves nas explorações agrícolas locais

Secção 1: Informações gerais sobre a exploração

1. **Nome da exploração**:
2. **Localização da exploração**:
3. **Dimensão da exploração** (em acres/hectares):
4. **Tipo de culturas cultivadas**:
    - o Grãos (trigo, milho, etc.)
    - o Frutas (maçãs, uvas, etc.)
    - o Legumes (tomates, pimentos, etc.)
    - o Outros (especificar):
5. **Duração da exploração agrícola**:
    - o 1-3 anos
    - o 4-10 anos
    - o Mais de 10 anos

Secção 2: Atividade das aves

6. **Tem observado a atividade das aves na sua exploração agrícola?**
   - Sim
   - Não
7. **Em caso afirmativo, com que frequência as aves visitam a sua exploração?**
   - Diário
   - Semanal
   - Ocasionalmente (uma ou duas vezes por mês)
8. **A que horas do dia observa mais atividade das aves?**
   - Manhã cedo (6h - 9h)
   - Meio-dia (10h - 14h)
   - Fim da tarde (15:00 - 18:00)
   - Noite (18h00 - 21h00)
9. **Que espécies de aves identificou como causa dos danos?**
   - Corvos
   - Pardais
   - Pombos
   - Estorninhos
   - Outros (especificar):
10. **Em que estações do ano se observa uma maior atividade das aves?**

- primavera
- verão
- outono
- inverno

Secção 3: Avaliação dos danos

11. **Que tipo de culturas foram danificadas pelas aves?**

- Frutos
- Grãos
- Legumes
- Outros (especificar):

12. **Que percentagem das suas culturas estima que seja danificada pelas aves?**

- 0-10%
- 11-25%
- 26-50%
- Mais de 50%

13. **Em que parte das culturas é que as aves costumam atacar?**

- Sementes
- Frutos

- Disparos/saídas
- Plantas inteiras

14. **Já sofreu perdas de rendimento devido a danos causados por aves?**

- Sim
- Não

15. **Em caso afirmativo, qual o rendimento (em percentagem) que estima ter sido perdido?**

- Menos de 10%
- 11-25%
- 26-50%
- Mais de 50%

Secção 4: Esforços de atenuação

16. **Que métodos utiliza atualmente para dissuadir as aves?**

- Espantalhos
- Redes para pássaros
- Dispositivos acústicos (por exemplo, canhões de som)
- Materiais reflectores
- Outros (especificar):
- Nenhum

17. **Qual é a eficácia destes métodos de dissuasão de aves?**

- Muito eficaz
- Moderadamente eficaz
- Não eficaz

18. **Está interessado em implementar novos métodos de dissuasão de aves?**

- Sim
- Não

19. **Em caso afirmativo, que métodos estão a considerar?**

- Dissuasores visuais
- Repelentes químicos
- Modificação do habitat
- Outros (especificar):

Secção 5: Impacto económico

20. **Calculou o prejuízo económico devido aos danos causados pelas aves?**

- Sim
- Não

21. **Em caso afirmativo, qual é a sua perda estimada para a época atual (em moeda local)?**

- Menos de 500
- 500 - 2,000
- 2,000 - 5,000
- Mais de 5.000

22. **Estaria disposto a investir numa solução de controlo de aves a longo prazo para reduzir perdas futuras?**

- Sim
- Não

Secção 6: Feedback

23. **Que desafios enfrenta na gestão dos danos causados pelas aves?**

- Falta de soluções eficazes
- Custo elevado dos dissuasores
- Dificuldades na identificação de espécies de aves
- Outros (especificar):

24. **Tem alguma sugestão ou comentário sobre a forma de melhorar os esforços de controlo das aves nas explorações agrícolas locais?**

Fim do questionário

Obrigado pelo vosso tempo e pelas vossas valiosas contribuições! As vossas respostas ajudar-nos-ão a compreender melhor os danos causados pelas aves e a explorar soluções para as explorações agrícolas locais.

Análises e relatórios sobre os danos causados às aves e estratégias de gestão

Esta secção aborda a forma de analisar os dados recolhidos nas avaliações práticas e nos questionários e de compilar um relatório exaustivo sobre os danos causados às aves e as estratégias de gestão.

1. Resumo da recolha de dados

- **Dados demográficos da fazenda**: Resumir os detalhes da exploração agrícola, tais como localização, tamanho, tipos de culturas cultivadas e anos de atividade, a partir das respostas ao questionário.
- **Padrões de atividade das aves**: Analisar as espécies de aves, os picos de atividade e as tendências sazonais para identificar padrões que possam ajudar a orientar os esforços de gestão.
- **Extensão dos danos**: Avaliar a percentagem de perda de culturas devido à atividade das aves nas explorações. Categorizar as explorações com base em níveis de danos baixos, moderados e elevados.
- **Impacto económico**: Quantificar as perdas económicas incorridas devido aos danos causados pelas aves, concentrando-se tanto na perda de rendimento como no impacto financeiro. Utilizar valores em moeda local sempre que possível.

2. Análise estatística

- **Frequência da atividade das aves**: Calcular a frequência das visitas das aves (diariamente, semanalmente, ocasionalmente) em diferentes explorações e correlacionar com o nível de danos nas culturas.
- **Tendências sazonais e temporais**: Utilize os dados do inquérito para traçar as tendências da atividade das aves ao longo das estações e das horas do dia. Determine quais os períodos de tempo em que se regista a maior concentração de danos causados por aves.
- **Vulnerabilidade do tipo de cultura**: Efetuar uma tabulação cruzada da atividade das aves por tipo de cultura (cereais, frutos, legumes). Isto ajudará a determinar quais as culturas mais vulneráveis aos danos causados pelas aves.
- **Eficácia das estratégias de mitigação**: Comparar os danos nas explorações que utilizam dissuasores com os das que não utilizam. Isto ajudará a avaliar a eficácia das actuais estratégias de gestão.
- **Perdas económicas**: Avaliar a correlação entre a percentagem de danos nas culturas e as perdas económicas estimadas para compreender os encargos financeiros dos agricultores.

3. Conclusões sobre os danos causados pelas aves

- **Espécies de aves envolvidas**: Identificar as espécies de aves responsáveis pelos maiores danos, com base na frequência e intensidade das notificações.
- **Culturas vulneráveis**: Destacar quais os tipos de culturas que sofrem mais danos, permitindo uma intervenção mais direcionada.
- **Períodos críticos**: Identificar as alturas (sazonais e diárias) em que as culturas são mais vulneráveis a ataques de aves.
- **Extensão dos danos**: Fornecer conclusões baseadas em dados sobre quanto do rendimento da cultura se perde devido aos danos causados pelas aves, expressos em percentagem e em termos monetários.

4. Análise das actuais estratégias de gestão

- **Métodos existentes**: Resumir os diferentes métodos atualmente utilizados pelos agricultores para dissuadir as aves (por exemplo, espantalhos, redes para aves, dispositivos acústicos).

- **Eficácia**: Analisar a forma como os agricultores percepcionam a eficácia destes métodos (a partir do questionário) e comparar com os dados reais sobre os danos nas culturas.
- **Lacunas na gestão**: Identificar eventuais lacunas nas medidas actuais de controlo das aves, tais como métodos ineficazes ou subutilizados.

5. Recomendações para a gestão das aves

Com base nas conclusões da análise, apresentar recomendações práticas para melhorar a gestão das aves nas explorações agrícolas locais:

- **Estratégias específicas para cada espécie**: Adaptar os métodos de dissuasão das aves com base nas espécies específicas de aves que causam mais danos. Por exemplo:
    - Corvos: Utilizar dissuasores auditivos ou chamarizes de predadores.
    - Pardais: Considerar a instalação de redes ou de fita reflectora.
- **Melhorar a eficácia da dissuasão**: Sugerir a otimização dos métodos actuais, como a utilização de espantalhos rotativos, a alteração periódica da localização dos dissuasores visuais ou a combinação de várias estratégias (por exemplo, dissuasores acústicos com dissuasores visuais).
- **Novos métodos a considerar**:
    - **Dissuasores visuais**: Sugerir dissuasores activados por movimento, como papagaios de falcão ou lasers.
    - **Modificação do habitat**: Incentivar os agricultores a reduzir os habitats próximos das aves (por exemplo, cortando sebes ou instalando barreiras).
    - **Repelentes**: Propor repelentes químicos não tóxicos para as culturas que são altamente vulneráveis às aves.
- **Colaboração**: Recomendar abordagens de cooperação entre explorações agrícolas vizinhas para aumentar a eficácia do controlo das aves (por exemplo, utilização coordenada de dispositivos de assustar ou gestão da paisagem).
- **Integração tecnológica**: Incentivar a utilização de drones e de sistemas automatizados de deteção de aves para monitorizar a atividade das aves em tempo real e responder prontamente às ameaças.
- **Planeamento sazonal**: Sugerir estratégias para lidar com os picos sazonais de atividade das aves, tais como a utilização de dissuasores adicionais durante o pico da estação de crescimento.

6. Formato do relatório

O relatório final deve incluir as seguintes secções

1. **Resumo executivo**: Uma breve panorâmica da questão dos danos causados às aves, principais conclusões e principais recomendações.
2. **Introdução**: Antecedentes do estudo, objetivo da avaliação e importância da gestão dos danos causados pelas aves nas explorações agrícolas locais.
3. **Metodologia**: Descrever o processo de avaliação e questionário, a dimensão da amostra e as técnicas de análise utilizadas.
4. **Resultados**: Apresentar as principais conclusões dos dados, incluindo a atividade das aves, os danos nas culturas e a eficácia das estratégias de atenuação.

5. **Discussão**: Interpretar os resultados, destacando as tendências significativas, as lacunas na gestão atual e o impacto económico dos danos causados pelas aves.
6. **Recomendações**: Fornecer estratégias acionáveis para reduzir os danos causados pelas aves e melhorar a proteção das culturas, com base na análise.
7. **Conclusão**: Resumir as principais conclusões do relatório e sublinhar a necessidade de monitorização e gestão contínuas.
8. **Apêndices**: Incluir dados em bruto, resultados de inquéritos ou outros documentos de apoio.

7. Próximas etapas para os agricultores

- **Avaliações de acompanhamento**: Recomendar uma monitorização contínua para acompanhar a eficácia das estratégias de gestão das aves recentemente implementadas.
- **Formação e educação**: Sugerir sessões de formação para agricultores sobre a identificação de espécies de aves, técnicas de proteção das culturas e como utilizar novas tecnologias dissuasoras.
- **Oportunidades de financiamento**: Destacar potenciais fontes de apoio financeiro ou subsídios para a aquisição de dispositivos de controlo de aves ou para a adoção de soluções mais avançadas.

Ao efetuar uma análise detalhada e apresentar relatórios sobre os danos causados pelas aves e as estratégias de gestão, as explorações agrícolas podem compreender melhor a extensão dos seus problemas e implementar soluções baseadas em dados para minimizar as perdas de colheitas.

Book References

1. Baker, J. R., & Weiner, J. (2018). *Agricultural ornithology: Birds as agents of pest control*. Wiley-Blackwell.
2. Hernández-Moreno, D., & Martínez-Ruiz, J. A. (2012). *Birds and agriculture: Economic and ecological perspectives*. Springer.
3. Mills, G. (2006). *Birds as pests: The impact of birds on agricultural production*. University of California Press.
4. Sánchez-Zapata, J. A., & Montalvo, T. (2016). *Birds and agricultural ecosystems: Impacts and management strategies*. Springer.
5. Sutherland, W. J., & Parker, C. (2007). *Birds and agriculture: The role of birds in agriculture*. Cambridge University Press.

Book Chapter References

6. Toor, H. S. (1982). Problem birds and their management in Punjab. In R. A. Agarwal & R. K. Bhatnagar (Eds.), *Management of problem birds in aviation and agriculture* (pp. 151-158). Indian Agricultural Research Institute.
7. Verghese, A. (2016). Frugivorous birds and their management. In *Vertebrate pests in agriculture* (pp. 63-74). Scientific Publishers.

Journal Article References

8. Cohen, J. B., & Yu, H. (2015). Bird damage to fruits: A review. *Crop Protection, 77*, 56-62.
9. Cummings, J. L., & McCarty, J. P. (2002). Impact of birds on agriculture. *Pest Management Science, 58*(3), 251-256.
10. Kumar, S., & Singh, S. (2015). Birds as pests: Their impact on crop yields. *Indian Journal of Agricultural Sciences, 85*(4), 505-511.
11. Miller, T. A., & Greening, J. S. (1992). The impact of birds on crop production. *Agricultural Science, 3*(2), 115-122.
12. Roberts, M. H., & McKinney, R. A. (2009). The influence of birds on crop damage. *Ecological Entomology, 34*(5), 501-508.
13. Sridhar, S., & Chakravarthy, A. K. (2014). Impact of birds on fruit crops. *Agricultural and Forest Entomology, 16*(3), 279-285.
14. Verheijen, F. J. (1985). Birds and agricultural pests. *Journal of Applied Ecology, 22*(3), 703-711.
15. Whelan, C. J., & O'Connell, A. F. (2000). Birds in agricultural landscapes: The role of birds in agricultural systems. *Princeton University Press*.

MIX
Papier aus verantwortungsvollen Quellen
Paper from responsible sources
FSC® C105338

Printed by Books on Demand GmbH, Norderstedt / Germany